高职高专特色实训教材

数控加工实训教程

孙　建　主编

化学工业出版社

·北京·

本书是为了适应高职以任务驱动、项目导向的"教、学、做"一体化的教学改革趋势，按照任务描述、任务目标、相关知识、任务实施等项目化课程体例格式而编写的，通过手机和二维码获取学习资讯，读者可以自发访问在线资源。

本书系统地介绍了数控车床、数控铣床及加工中心的基本操作、结构组成、加工工艺制定、数控编程的基础知识，并结合实例讲解了 FANUC 系统典型数控加工知识，突出了应用性、实用性、综合性和先进性，体系新颖，内容翔实。

本书主要适用于机械类专业中使用数控机床的所有专业，可作为职业教育教材、技能培训教材，也可作为数控加工爱好者的参考书。

图书在版编目（CIP）数据

数控加工实训教程/孙建主编 . —北京：化学工业出版社，2016.3

高职高专特色实训教材

ISBN 978-7-122-26074-1

Ⅰ.①数… Ⅱ.①孙… Ⅲ.①数控机床-加工-高等职业教育-教材 Ⅳ.①TG659

中国版本图书馆 CIP 数据核字（2016）第 011551 号

责任编辑：高　钰		文字编辑：陈　喆
责任校对：边　涛		装帧设计：刘丽华

出版发行：化学工业出版社（北京市东城区青年湖南街 13 号　邮政编码 100011）

印　　装：三河市延风印装有限公司

787mm×1092mm　1/16　印张 7¾　字数 192 千字　2016 年 4 月北京第 1 版第 1 次印刷

购书咨询：010-64518888（传真：010-64519686）　　售后服务：010-64518899

网　　址：http://www.cip.com.cn

凡购买本书，如有缺损质量问题，本社销售中心负责调换。

定　　价：28.00 元

—— >>> 前言

　　本书以学生就业为导向，以企业岗位操作要领为依据，从生产过程、实用出发提炼典型的生产案例，按照项目化实训教材建设思路编写。建立一切从企业效率出发的思考方向，培养学生务实严谨的专业品质和职业能力，强调工作过程导向，体现理论、实践一体化教学。本书数控设备以 FANUC 0i 系统为主。

　　本书在编写过程中，着重突出高等职业教育特色，着力体现实用性和实践性，重视对学生关键技能的训练，并注重对学生信息处理能力、分析问题和解决问题能力的培养，以手机二维码技术为手段，以激发学生学习兴趣为目标，使学生可以通过手机快速浏览视频，以解决文字描述无法解决的教学难点，实现教材从平面向立体转化、从单一媒体向多媒体转化，打造真正的立体化实训教材。

　　本书由辽宁石化职业技术学院孙建主编，辽宁石化职业技术学院侯海晶参编。具体分工：第1～3章及附录1由孙建编写；第4章及附录2由侯海晶编写，全书由孙建统稿，由辽宁石化职业技术学院实训处牛永鑫主审。

　　本书在编写过程中，得到锦州液压件有限公司刘福礼工程师，锦州力得模具有限公司刘庆利技师，辽宁石化职业技术学院金雅娟、王荣梅、张碧波、刘爽、彭志强老师的大力支持，书中二维码技术由辽宁石化职业技术学院穆德恒老师提供支持，书中链接的二维码数控铣床、数控车床项目的现场教学视频由辽宁石化职业技术学院高琪妹、赵显日老师制作提供，在此表示衷心感谢。

　　由于水平有限，时间仓促，在课程内容及结构安排等方面仍有诸多不足之处，在此真诚希望广大读者批评指正。

编　者

2015 年 10 月

第1章

数控加工实训须知

【实训课程概要】<<<——

　　数控加工实训是在学生掌握了机械加工的基本知识，并完成了机械制造基础、数控机床、机械制图、数控加工工艺及数控编程与加工课程的学习之后，为提高学生实验操作技能和解决实际问题能力而开设的一门重要的实践课程。

　　本课程以目前典型的机械零件为载体，学生通过对零件图纸的分析、加工工艺的制定、程序的编写完成对产品零件的加工，培养学生数控机床的操作技能，为将来从事数控加工工作打下坚实的实践基础。

1.1　数控加工车间简介

　　数控加工车间建于 2007 年，总面积 220m² ，由中央财政投资 260 万元、省财政投资 75 万元建成。内置设备有：加工中心 2 台、普通数控车床 6 台、全功能数控车床 1 台、线切割机床 1 台、数控铣床 3 台、磨刀机 1 台，图 1-1 所示为数控车间全景图，M1-1 是车间介绍视频片段。主要承担学院数控类专业学生的实训教学任务，同时承担职业技能鉴定培训考试及对外零部件加工等任务。车间的建设宗旨是进一步加深学生对《数控编程与加工》课程中一些理论知识点的理解和掌握程度，培养学生对数控设备的实际操作与加

图 1-1　数控车间全景

工的能力，并具备数控机床的编程、操作、维修及保养的中、高级技能人才，成为服务教、学、做及培训一体化功能实训场地。

M1-1

1.2　数控车间相关配置

展示柜：柜内存放学生加工的各类精美零部件展品及工具书等相关资料。

刀具柜：车间内部要求工具、刀具摆放整洁，柜内存放各种车床、铣床用刀具、量具及工具、润滑油、切削液等。

1.3　数控加工车间规章制度

1.3.1　6S 管理

（1）整理（Seiri）——将工作场所的任何物品区分为有必要和没有必要的，除了有必要的留下来，其他的都消除掉。其目的是：腾出空间，空间活用，防止误用，塑造清爽的工作场所。

（2）整顿（Seiton）——把留下来的必要的物品依规定位置摆放，并放置整齐加以标识。其目的是：工作场所一目了然，消除寻找物品的时间，整整齐齐的工作环境，消除过多的积压物品。

（3）清扫（Seiso）——将工作场所内看得见与看不见的地方清扫干净，保持工作场所干净、亮丽的环境。其目的是：稳定品质，减少工业伤害。

（4）清洁（Seiketsu）——将整理、整顿、清扫进行到底，并且制度化，经常保持环境外在美观的状态。其目的是：创造明朗现场，维持上面 3S 成果。

（5）素养（Shitsuke）——每位成员养成良好的习惯，并遵守规则做事，培养积极主动的精神（也称习惯性）。其目的是：培养有好习惯、遵守规则的员工，营造团队精神。

（6）安全（Security）——重视成员安全教育，每时每刻都有安全第一观念，防患于未然。其目的是：建立起安全生产的环境，所有的工作应建立在安全的前提下，见图 1-2。

1.3.2　规章制度

（1）必须穿工作服，戴工作帽进入数控车间实训，操作时不允许戴手套。

（2）严格遵守安全操作规程，确保人身和设备安全。

（3）初学时，工件加工必须在教师指导下进行，严禁随意在机床上调试操作。

（4）保持安静，文明实训，不擅自离岗和串岗。

（5）操作时不得擅自调换工量具，不得随意修改机床系统参数和拆卸设备器材。

（6）严禁多人同时操作，不做与实训内容无关的事。

（7）要爱护设备及工量具，做到分类合理、摆放整齐，归还及时，并能定期进行维护保养。

（8）实训结束后要及时清理工位，保养设备，做好车间内的卫生工作。

图 1-2　车间 6S 管理

（9）关好电灯、电扇和门窗，切断总电源，经指导老师检查合格后方可离开车间。

（10）管理员要如实记载实训过程中相关的内容。

1.3.3　设备操作规程

（1）工作前认真做到以下几点。

① 检查机床、工作台、导轨以及各主要滑动面，如有障碍物、工具、铁屑、杂质等，必须清理、擦拭干净、上油。

② 检查工作台、导轨及主要滑动面有无新的拉、研、碰伤，如有应通知实训室管理员一起查看，并做好记录。

③ 检查安全防护、制动（止动）、限位和换向等装置应齐全完好。

④ 检查机械、液压、气动等操作手柄、阀门、开关等应处于非工作的位置上。

⑤ 检查各刀架应处于非工作位置上。

⑥ 检查电器配电箱应关闭牢靠，电气接地良好。

⑦ 检查润滑系统储油部位的油量应符合规定，封闭良好。油标、油窗、油杯、油嘴、油线、油毡、油管和分油器等应齐全完好，安装正确。按润滑指示图表规定做人工加油或机动（手位）泵打油，查看油窗是否来油。

⑧ 检查操纵手柄、阀门、开关等是否灵活、准确、可靠。

⑨ 检查安全防护、制动（止动）、联锁、夹紧机构等装置是否起作用。

⑩ 检查校对机构运动是否有足够行程，调正并固定限位、定程挡铁和换向碰块等。

（2）工作中认真做到以下几点。

① 坚守岗位，精心操作，不做与工作无关的事。因事离开机床时要停车，关闭电源、气源。

② 按工艺规定进行加工。不准任意加大进刀量、磨削量和切（磨）削速度。不准超规范、超负荷、超重量使用机床。不准精机粗用和大机小用。

③ 刀具、工件应装夹正确、紧固牢靠。装卸时不得碰伤机床。找正刀具、工件不准重锤敲打。不准用加长搬手柄增加力矩的方法紧固刀具、工件。

④ 不准在机床主轴锥孔、尾座套筒锥孔及其他工具安装孔内，安装与其锥度或孔径不符、表面有刻痕和不清洁的顶针、刀具、刀套等。

⑤ 传动及进给机构的机械变速、刀具与工件的装夹、调正以及工件的工序间的人工测量等均应在切削、磨削终止，刀具、磨具退离工件后停车进行。

⑥ 应保持刀具、磨具的锋利，如变钝或崩裂应及时磨锋或更换。

⑦ 切削、磨削中，刀具、磨具未离开工件，不准停车。

⑧ 不准擅自拆卸机床上的安全防护装置，缺少安全防护装置的机床不准工作。

⑨ 液压系统除节流阀外，其他液压阀不准私自调整。

⑩ 机床上特别是导轨面和工作台面，不准直接放置工具、工件及其他杂物。

⑪ 经常清除机床上的铁屑、油污，保持导轨面、滑动面、转动面、定位基准面和工作台面清洁。

⑫ 密切注意机床运转、润滑情况，如发现动作失灵、振动、发热、爬行、噪声、异味、碰伤等异常现象，应立即停车检查，排除故障后，方可继续工作。

⑬ 机床发生事故时，应立即按总停按钮，保护事故现场，报告有关部门分析处理。不准在机床上焊接和补焊工件。

（3）工作后认真做到以下几点。

① 将机械、液压、气动等操作手柄、阀门、开关等扳到非工作位置上。

② 停止机床运转，切断电源、气源。

③ 清除铁屑，清扫工作现场，认真擦净机床。导轨面、转动及滑动面、定位基准面、工作台面等处应加油保养。

④ 认真将使用过程中发现的机床问题，填到实训记录本上，做好使用记录。

1.3.4　机床的维护与保养

（1）设备的日常维护。

① 每天做好各导轨面的清洁润滑，有自动润滑系统的机床要定期检查、清洗自动润滑系统，检查油量，及时添加润滑油，检查油泵是否定时启动打油及停止。

② 每天检查主轴的自动润滑系统工作是否正常，定期更换主轴箱润滑油。

③ 注意检查电器柜中冷却风扇是否工作正常，风道过滤网有无堵塞，清洗沾附的尘土。

④ 注意检查冷却系统，检查液面高度，及时添加油或水，油、水脏时要更换清洗。

⑤ 注意检查主轴驱动皮带，调整松紧程度。

⑥ 注意检查导轨镶条松紧程度，调节间隙。

⑦ 注意检查机床液压系统油箱油泵有无异常噪声，工作幅面高度是否合适，压力表指示是否正常，管路及各接头有无泄漏。

⑧ 注意检查导轨、机床防护罩是否齐全有效。

⑨ 注意检查各运动部件的机械精度，减少形状和位置偏差。

⑩ 每天下班前做好机床清扫卫生，清扫铁屑，擦静导轨部位的冷却液，防止导轨生锈。

（2）数控系统的日常维护。

① 制订数控系统日常维护的规章制度，根据各种部件的特点，确定各自保养条例。

② 应尽量少开数控柜和强电柜的门。

③ 定时清理数控装置的散热通风系统。

④ 定期检查和更换直流电机电刷，检查周期随机床使用频繁度而异，一般为每半年或一年检查一次。

⑤ 经常监视数控装置用的电网电压。

⑥ 存储器用电池需要定期更换，在一般情况下，即使电池尚未失效，也应每年更换一次，以便确保系统能正常地工作。电池的更换应在 CNC 装置通电状态下进行。

⑦ 数控系统长期不用时的维护。若数控系统处在长期闲置的情况下，需注意以下两点：一是要经常给系统通电，特别是在环境温度较高的多雨季节更是如此。在机床锁住不动的情况下，让系统空运行。二是如果数控机床的进给轴和主轴采用直流电机来驱动，应将电刷从直流电机中取出，以免由于化学腐蚀作用，使换向器表面腐蚀，造成换向性能变坏，使整台电机损坏。

⑧ 备用印制线路板的维护。对于已购置的备用印制线路板，应定期装到数控装置上通电，运行一段时间，以防损坏，见表 1-1。

表 1-1　数控机床日常保养一览表

序号	检查周期	检查部位	检查要求
1	每天	导轨润滑油箱	检查油标、油量，及时添加润滑油，润滑泵能定时启动打油及停止
2	每天	X、Z 轴向导轨面	清除切屑及脏物，检查润滑油是否充分，导轨面有无划伤损坏
3	每天	压缩空气气源力	检查气动控制系统压力，应在正常范围
4	每天	气源自动分水滤气器	及时清理分水器中滤出的水分，保证自动工作正常
5	每天	气液转换器和增压器油面	发现油面不够时，应及时补足油
6	每天	主轴润滑恒温油箱	工作正常，油量充足并调节温度范围
7	每天	机床液压系统	油箱，液压泵无异常噪声，压力指示正常，管路及各接头无泄漏，工作油面高度正常
8	每天	液压平衡系统	平衡压力指示正常，快速移动时平衡阀工作正常
9	每天	CNC 的输入/输出单元	光电阅读机清洁，机械结构润滑良好
10	每天	各种电气柜散热通风装置	各电柜冷却风扇工作正常，风道过滤网无堵塞
11	每天	各种防护装置	导轨、机床防护罩等应无松动，漏水
12	每半年	滚珠丝杠	清洗丝杠上旧的润滑脂，涂上新油脂
13	每半年	液压油路	清洗溢流阀、减压阀、滤油器，清洗油箱底，更换或过滤液压油
14	每半年	主轴润滑恒温油箱	清洗过滤器，更换润滑脂
15	每年	检查并更换直流伺服电动机碳刷	检查换向器表面，吹净碳粉，去除毛刺，更换长度过短的电刷，并应跑合后才能使用
16	每年	润滑液压泵，滤油器清洗	清理润滑油池底，更换滤油器
17	不定期	检查各轴导轨上镶条、压滚轮松紧状态	按机床说明书调整
18	不定期	冷却水箱	检查液面高度，冷却液太脏时，需要更换并清理水箱底部，经常清洗过滤器
19	不定期	排屑器	经常清理切屑，检查有无卡住等
20	不定期	清理废油池	及时清除滤油池中废油，以免外溢
21	不定期	调整主轴驱动带松紧	按机床说明书调整

1.3.5　设备非安全操作

（1）机床周围障碍物很多，妨碍操作（手机扫描二维码 M1-2 可观看视频）。

（2）两人或多人共同按操作面板，或一人装刀，另外一人主轴操作，会引发危险（手机扫描二维码 M1-3 可观看视频）。

M1-2

M1-3

（3）刀柄槽与主轴锥孔上的键槽不对齐，误以为装好，没用手动旋转主轴及下拉刀柄检查是否装好。如发生，必须重装。将主轴旋转180°，重新对齐安装，并手动旋转主轴及下拉刀柄检查（手机扫描二维码 M1-4 可观看视频）。

（4）安装刀片时，固定螺栓没锁紧，刀片在刀杆上松动，加工中十分危险（手机扫描二维码 M1-5 可观看视频）。

M1-4

M1-5

（5）对刀过程中没有锁紧刀柄螺钉，易出现刀体下落的后果（手机扫描二维码 M1-6 可观看视频）。

（6）工件没夹紧，加工中会出现工件飞出，造成严重后果（手机扫描二维码 M1-7 可观看视频）。

M1-6

M1-7

（7）加工过程中，主轴旋转时测量工件，此动作的后果更是不可想象，要严禁，必须在程序停、主轴停后，方可进行零件尺寸的测量控制（手机扫描二维码 M1-8 可观看视频）。

（8）加工过程中，操作者随意离开工作岗位，无法避免突发事故（手机扫描二维码 M1-9 可观看视频）。

M1-8

M1-9

（9）刀柄上的拉钉没锁紧，有掉刀或加工中刀体的晃动和振动出现（手机扫描二维码 M1-10 可观看视频）。

（10）加工中，用手接触刚刚铣削的刀尖和铁屑，导致烫伤皮肤（手机扫描二维码 M1-11 可观看视频）。

M1-10　　　　　　　　　　　　　　　　　　M1-11

（11）异物放在或不注意掉入排屑导轨，没有及时拿走导致排屑障碍（手机扫描二维码 M1-12 可观看视频）。

（12）杂物放机床内或床身导轨上导致安全隐患（手机扫描二维码 M1-13 可观看视频）。

M1-12　　　　　　　　　　　　　　　　　　M1-13

1.4　实训考核

1.4.1　考核方式

（1）本实训环节的考核成绩由平时训练考核、操作技能考核和实训报告三部分组成，比例为 4∶4∶2。

（2）操作技能考核以实际岗位相应工种（数控车、数控铣、加工中心及线切割机床）技能水平为标准（注重项目最终完成的质量，主要考核技能水平）。考核时间在 120～180min，具体评分标准见配分评分表。

（3）学生在数控加工操作实训结束时，要完成实训报告一份。

（4）实训报告内容由实训目的、实训要求、实训内容、主要实训设备、典型实训作品及其工艺过程（包括零件图、工艺卡、数控加工程序）、实训心得体会等组成，实训报告不少于 4000 字。

（5）学生必须完成平时训练后，才能参加操作技能考核（平时训练注重项目的参与过程，包括出勤情况、学习态度、讨论情况、环保意识等）。

1.4.2　考核内容和要求

（1）基本操作。

考核知识点与技能点：

① 零件图的识读。

② 数控加工工艺分析。

③ 刀具认知与选用。

④ 工件装夹与定位。

⑤ 工艺文件的编制。

⑥ 加工程序的编制。

⑦ 基本工量具的使用。

考核要求：

① 掌握零件图的识读方法，并能进行正确的识读，为工艺分析奠定基础。

② 了解数控加工工艺分析的目的、内容与步骤，掌握数控加工工艺的分析方法。

③ 了解数控机床用刀具的材料和使用范围；掌握可转位刀片的代码和选用方法；掌握刀具和工具系统的选用方法，能够根据被加工零件的特征，合理选择刀具及其几何参数，确定切削用量。

④ 了解工件定位的基本原理，常见定位方式与定位元件，以及数控机床用夹具的种类与特点；能够根据被加工零件，确定装夹定位方式，掌握工件装夹、找正、夹紧技能。

⑤ 能够编写中等复杂典型零件的数控加工工艺卡片。

⑥ 掌握常用指令的编程规则与编程方法，能够完成中等复杂典型零件的加工程序的编制。

⑦ 掌握基本工、量具的使用方法，能够对工件进行正确的测量。

（2）数控机床操作。

考核知识点与技能点：

① 操作规范与安全操作规程。

② 操作面板的功能及使用方法。

③ 加工程序的输入、编辑与修改。

④ 装刀、对刀与参数设置。

⑤ 数控机床故障诊断与维护。

考核要求：

① 掌握数控机床的操作规范与安全操作规程。

② 掌握数控机床操作面板的功能及使用方法，掌握数控机床的基本操作，即手动方式、MDI 方式、自动运行方式。

③ 掌握加工程序的输入、编辑与修改方法，并能进行正确的操作。

④ 掌握装刀、对刀与参数设置方法，并能进行正确的操作。

⑤ 了解数控机床故障诊断与日常维护的基本内容和方法，运用相关知识判断诸如程序运行故障、操作故障、报警信息等，并能进行简单处理和排除。

（3）数控加工操作。

考核知识点与技能点：

① 数控车削加工。

a. 零件的轮廓加工与检测。

b. 孔加工与检测。

c. 切槽与切断加工与检测。

d. 螺纹加工与检测。

e. 典型零件的综合加工与检测。

② 数控铣削加工。

a. 平面加工与检测。

b. 轮廓加工与检测。

c. 孔系加工与检测。

d. 腔槽加工与检测。

e. 曲面加工与检测。

f. 典型零件的综合加工与检测。

考核要求：

① 掌握数控加工的主要内容和步骤。

数控加工的主要内容和步骤：机床准备；程序输入；夹具安装；工件定位，找正、夹紧；工件零点确定；刀具参数设定；自动运行方式选择。

程序验证：图形模拟、空运行程序；试加工单段运行；工件检测；修改程序；调整切削参数；正式加工。

② 数控车削加工。

a. 掌握零件的外轮廓加工方法，能够进行零件轮廓的粗、精加工。

b. 掌握孔及内轮廓加工方法，能够对零件进行钻孔、扩孔及镗孔加工。

c. 掌握切槽与切断加工方法，能够进行切槽与切断加工。

d. 掌握螺纹加工方法，能够进行普通三角螺纹的加工。

e. 能够正确地操作数控车床，进行中等复杂典型零件的加工与检验，加工质量符合图纸的技术要求。

③ 数控铣削加工。

a. 掌握平面的加工方法，能够进行平面加工与检验。

b. 掌握轮廓的加工方法，能够进行零件轮廓的粗、精加工。

c. 掌握孔系的加工方法，能够对零件进行钻孔、扩孔及镗孔加工。

d. 掌握腔槽的加工方法，能够进行腔槽加工与检验。

e. 掌握曲面加工的方法，能够进行曲面加工。

f. 能够正确地操作数控铣床（加工中心），进行中等复杂典型零件的铣削加工与检验，加工质量符合图纸的技术要求。

1.4.3　成绩评定

（1）平时训练考核。平时训练考核成绩见表 1-2。

表 1-2　平时训练考核成绩

序号	考核内容	成绩认定					考核人员
		A	B	C	D	E	
1	学习态度、主动性和积极性	20	16	14	12	10	
2	出勤情况	20	16	14	12	10	授课教师
3	讨论情况	50	40	35	30	25	小组成员（学生）
4	环保意识	10	8	7	6	5	

成绩认定办法为：学生平时训练成绩取数次完成质量的平均数。每次训练完成质量成绩按照所布置项目及考核标准，对学生分出优秀、良好、一般、及格、不及格五个档次。

（2）操作技能考核。操作技能考核成绩见表 1-3。

表 1-3　操作技能考核成绩

序号	考核内容	成绩认定					考核人员
		A	B	C	D	E	
1	参与实践活动的态度	10	8	7	6	5	
2	完成项目的技能水平	45	40	35	30	25	授课教师
3	完成项目(任务)的质量	40	32	28	24	20	企业人员
4	职业素养	5	4	3	2	1	

（3）实训报告考核。根据实训报告的内容及对问题探究的深入性，对学生实训报告分出优秀、良好、一般、及格、不及格五个档次。

（4）学生成绩认定。学生总成绩＝平时训练考核成绩×40％＋技能考核成绩×40％＋实训报告成绩×20％。

第 2 章

数控车床实训项目

【内容提要与训练目标】◀◀◀—

本章主要讲述数控车床的结构及基本操作，针对我院数控加工车间现有数控车床，实图讲解。

训练目标：

◇ 熟练掌握数控车床的结构及操作。

◇ 掌握各种工具、量具、刀具的使用方法。

◇ 能够独立完成各种轴类零件的数控车削编程与加工。

2.1 任务一 外圆、端面加工

外圆、端面加工零件如图 2-1 所示（手机扫描二维码 M2-1 可观看视频）。

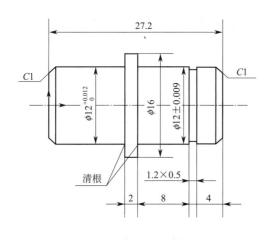

图 2-1 任务一零件图

M2-1

【任务描述】◀◀◀—

（1）加工要求。

加工如图 2-1 所示零件，材料为铝，毛坯尺寸为 $\phi20\text{mm}$ 棒料。

（2）准备工作。

加工以前完成相关准备工作，包括工艺分析及工艺路线设计、刀具及夹具的选择、程序编制等。

（3）操作步骤及内容。

① 开机，各坐标轴手动回机床原点。

② 将刀具依次装上刀架，根据加工要求选择 45°端面车刀、90°外圆车刀及切槽刀各一把，其编号分别为 0（1）、0（2）、03，刀具材料采用硬质合金。

③ 用卡盘装夹工件。

④ 用试切法对刀，并设置好刀具参数。

⑤ 手动输入加工程序。

⑥ 调试加工程序。手动把刀具从工件处移开，选择自动模式，调出加工程序，设定安全距离，再按下启动键预演程序，检查刀具动作和加工路径是否正确。

⑦ 确认程序无误后，即可进行自动加工。

⑧ 取下工件，进行检测，选择游标卡尺检测尺寸。

⑨ 清理加工现场。

⑩ 关机。

⑪ 分析操作过程，写出实训报告（工艺分析，数控编程）。

【任务目标】 ‹‹‹←——

◇ 熟悉数控车床操作面板及基本操作。

◇ 具有使用数控车床加工零件的能力。

◇ 具有选择量具，检测工件加工质量的能力。

【相关知识】 ‹‹‹←——

（1）数控车床常用的 G 指令、M 指令见表 2-1、表 2-2。

表 2-1　数控车床常用 G 指令

G 代码	功能	G 代码	功能
G00	快速定位	G56	选择工件坐标系
G01	直线插补	G57	选择工件坐标系
G02	顺圆插补	G58	选择工件坐标系
G03	逆圆插补	G59	选择工件坐标系
G04	暂停	G65	调用宏指令
G20	英制尺寸	G71	外圆粗车循环
G21	公制尺寸	G72	端面粗车循环
G27	返回参考点检查	G73	多重车削循环
G28	返回参考位置	G76	螺纹循环
G32	螺纹切削	G80	钻削循环取消
G36	自动刀具补偿 X	G83	固定钻削循环
G37	自动刀具补偿 Z	G84	攻丝循环
G40	取消刀尖半径补偿	G90	绝对坐标编程
G41	刀具半径左补偿	G91	相对坐标编程
G42	刀具半径右补偿	G92	坐标系或主轴最大速度设定
G54	选择工件坐标系	G94	每分钟进给
G55	选择工件坐标系	G95	每转进给

表 2-2　数控车床常用 M 指令

M 代码	是否模态	功能	M 代码	是否模态	功能
M00	非模态	程序暂停	M03	模态	主轴正转
M01	非模态	选择停止	M04	模态	主轴反转
M02	非模态	程序结束	M05	模态	主轴停转
M30	非模态	程序结束并返回	M07	模态	切削液开
M98	非模态	调用子程序	M08	模态	切削液开
M99	非模态	子程序结束	M09	模态	切削液关

（2）本任务需要用到的相关数据编程指令。

① G00 快速点定位指令。

G00　X __　Z __；

其中：X，Z——目标点的绝对坐标值。

② G01 直线插补指令。

G01X __　Z __　F __；

其中：X，Z——目标点的绝对坐标值；

　　　　F——进给速度。

③ G71 粗车循环指令。

G71 U（d）R（e）；

G71 P __　Q __　U __　W __；

其中：U（d）——每次走刀的背吃刀量；

　　　　R——每次 X 方向的退刀量；

　　　　P——精加工开始程序段号；

　　　　Q——精加工结束程序段号；

　　　　U——X 方向精加工余量；

　　　　W——Z 方向精加工余粮。

④ G70 精加工循环指令。

G70 P __　Q __；

其中：P，Q——精加工程序开始、结束段号。

（3）本任务需要用到的量具、工具。

① 游标卡尺

游标卡尺见图 2-2，使用方法见视频二维码 M2-2。

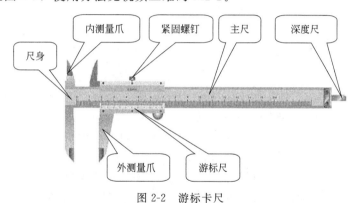

图 2-2　游标卡尺

M2-2

　　根据游标上的分度格数，常把游标卡尺分为 10 分度、20 分度、50 分度三种。它们的精度（指游标上的最小分度值，分别为 0.1mm、0.05mm、0.02mm），本书只介绍了 10 分度游标卡尺的读数原理，实际上 20 分度、50 分度的卡尺与它的读数原理是相同的，譬如，50 分度游标尺上 50 个分度只有 49mm 长，比主尺上的 50 个分度短 1mm，则游标上的每个分度比主尺上的每个分度短 1/50mm＝0.02mm，即它的测量精度为 0.02mm。

　　游标卡尺读数分为三个步骤，下面图 2-2 所示 0.02mm 游标卡尺的某一状态为例进行说明。

　　a. 在主尺上读出副尺零线以左的刻度，该值就是最后读数的整数部分，图示为 33mm。

　　b. 副尺上一定有一条刻线与主尺的刻线对齐，在副尺上读出该刻线距副尺 0 刻线的格数，将其与精度 0.02mm 相乘，就得到最后读数的小数部分，图示为 0.24mm。

　　c. 将所得到的整数和小数部分相加，就得到总尺寸，为 33.24mm。

　　使用游标卡尺测量零件尺寸时，必须注意下列几点。

　　a. 测量前应把卡尺揩干净，检查卡尺的两个测量面和测量刃口是否平直无损，把两个量爪紧密贴合时，应无明显的间隙，同时游标和主尺的零位刻线要相互对准。这个过程称为校对游标卡尺的零位。

　　b. 移动尺框时，活动要自如，不应有过松或过紧。用固定螺钉固定尺框时，卡尺的读数不应有所改变。在移动尺框时，不要忘记松开固定螺钉。

　　c. 当测量零件的外尺寸时，卡尺两测量面的连线应垂直于被测量表面，不能歪斜。测量时，可以轻轻摇动卡尺，放正垂直位置。先把卡尺的活动量爪张开，使量爪能自由地卡进工件，把零件贴靠在固定量爪上，然后移动尺框，用轻微的压力使活动量爪接触零件。

　　d. 用游标卡尺测量零件时，不允许过分地施加压力，所用压力应使两个量爪刚好接触零件表面。如果测量压力过大，不但会使量爪弯曲或磨损，且量爪在压力作用下会产生弹性变形，使测得的尺寸不准确。

　　e. 在游标卡尺上读数时，应把卡尺水平的拿着，朝着亮光的方向，使人的视线尽可能和卡尺的刻线表面垂直，以免由于视线的歪斜造成读数误差。

　　f. 为了获得正确的测量结果，可以多测量几次。即在零件的同一截面上的不同方向进行测量。对于较长零件，则应当在全长的各个部位进行测量，测量结果取平均。

　　② 粗糙度样块。

　　粗糙度样块见图 2-3，使用方法见视频二维码 M2-3。

　　a. 用途。表面粗糙度比较样块是通过视觉和触觉，以比较法来检查机械零件加工后表面粗糙度的一种工作量具。通过目测或放大镜与被测加工件进行比较，判断表面粗糙度级别，它完全符合国家标准和国家检定规程的各项技术要求。

　　b. 材料及规格。机加工表面粗糙度比较样块材料：除研磨样块采用 GCr15 材料外，其余样块采用 45 优质碳素结构钢制成。

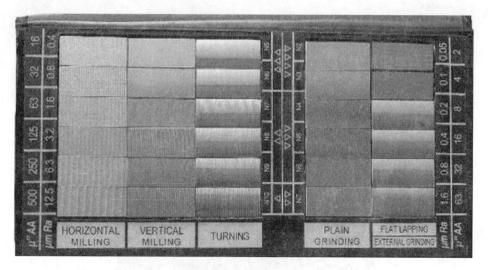

图 2-3　粗糙度样块

M2-3

机加工表面粗糙度比较样块规格共分六种。

◇ 八组样块（车外圆、刨、端铣、平铣、平磨、外磨、研磨、镗内孔）。

◇ 七组样块（车床、刨床、立铣、平铣、平磨、外磨、研磨）。

◇ 六组样块（车床、刨床、立铣、平铣、平磨、外磨）。

◇ 笔记本样块（车床、立铣、平铣、平磨、外磨、研磨）。

◇ 单组式（车床样块、刨床样块、立铣样块、平铣样块、平磨样块、外磨样块、研磨样块、镗床样块、手研）。

◇ 双组式（车外圆磨外圆、镗内孔磨内孔）。

其他表面粗糙度比较样块材料为镍合金，采用精密电铸复制工艺，工艺先进，质量稳定，品种规格最全，产品有硬度高、耐磨性好、永不生锈等特点，特别适用于生产现场。

◇ 喷砂加工样块。

◇ 抛喷丸加工样块。

◇ 抛光加工样块。

◇ 铸造钢铁砂型样块。

◇ 电火花线切割样块。

◇ 电火花样块。

c. 使用维护注意事项。比较样块在使用时，应尽量和被检零件处于同等条件下（包括表面色泽、照明条件等），不得用手直接接触比较样块，严格防锈处理，以防锈蚀，并避免碰划伤。

【任务实施】 <<<—

（1）认识数控车床。

① 车床结构见图 2-4。

图 2-4 数控车床结构

② 车床控制面板介绍见图 2-5，操作视频见二维码 M2-4。

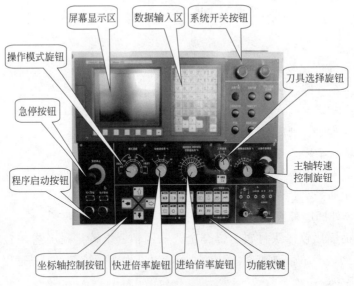

图 2-5 控制面板结构

M2-4

车床控制面板上的各按钮功能见表 2-3。

表 2-3　数控车床操作面板按键

按键	功能	按键	功能
POS	位置显示键	PROG	程序键
O P	地址和数字键	OFS/SET	偏置/设置键
SHIFT	上档键	CAN	取消键
INPUT	输入键	SYSTEM	系统参数键
MESSAGE	信息键	CSTM/GR	图形显示键
ALTER	替换键	INSERT	插入键
DELETE	删除键	PAGE	翻页键
RESET	复位键	EOB E	分号键
急停开关		模式选择按钮	
快速移动速度选择旋钮		程序启动、暂停按钮	
单句运行程序控制按钮		主轴正转	
刀具选择旋钮			

（2）开机、回参考点。

① 开机见图 2-6。

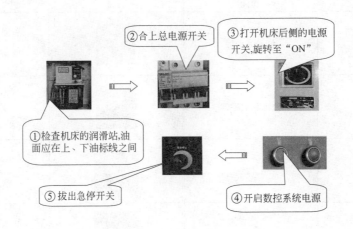

②合上总电源开关

③打开机床后侧的电源开关，旋转至"ON"

①检查机床的润滑站,油面应在上、下油标线之间

⑤拨出急停开关

④开启数控系统电源

图 2-6   开机操作

② 回参考点见图 2-7。

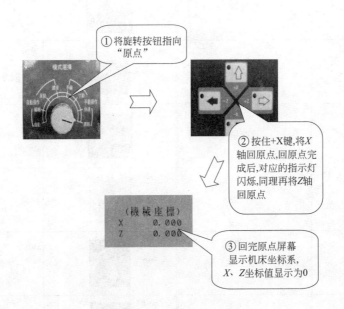

①将旋转按钮指向"原点"

②按住+X键,将X轴回原点,回原点完成后,对应的指示灯闪烁,同理再将Z轴回原点

（机械座标）
X   0.000
Z   0.000

③回完原点屏幕显示机床坐标系,X、Z坐标值显示为0

图 2-7   回参考点操作

【操作时注意事项】<<<←

① 回参考点时，应先移动 X 轴，再回 Z 轴，以免刀架和尾座发生碰撞。

② 坐标轴返回时，尽量少用快速移动，以免发生意外。

（3）制定加工工艺。

① 加工左端圆柱面，采用三爪卡盘装夹工件，工件伸出卡盘 15mm。

② 掉头装夹，加工右端外圆柱面、倒角和槽。

③ 具体选用的刀具、加工工序见表 2-4、表 2-5。

表 2-4　刀具卡片

序号	刀具号	刀具名称	数量	加工表面	刀尖半径/mm
1	T01	外圆车刀	1	外圆柱面	0.8
2	T02	切槽刀	1	宽 1.2mm 的槽	

表 2-5　工序卡片

工步号	工步内容	刀具号	主轴转速/(r/min)	进给速度/(mm/r)	背吃刀量/mm
1	粗车左侧外圆柱面	T01	1000	0.2	3
2	精车左侧外圆柱面	T01	1500	0.15	0.5
3	粗车右侧长度 15.2mm 的外圆柱面	T01	1000	0.2	3
4	精车右侧长度 15.2mm 的外圆柱面	T01	1500	0.15	0.5
5	切槽	T02	800	0.2	

（4）对刀操作。

对刀的目的是：确定程序原点在机床坐标系中的位置，对刀点可以设在零件、夹具或机床上，对刀时应使对刀点与刀位点重合。

试切对刀见图 2-8、图 2-9。

图 2-8　X 轴对刀

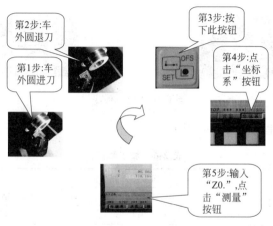

图 2-9　Z 轴对刀

① 外圆刀的对刀方法（见视频 M2-5 二维码）。

M2-5

Z 轴对刀：先用外圆刀将工件端面（基准面）车削出来，车削端面后，刀具可以沿 X 轴方向移动远离工件，但不可沿 Z 轴方向移动。Z 轴对刀输入："Z0，测量"（图 2-9）。

X 轴对刀：车削任一外径后，使刀具 Z 向移动远离工件，待主轴停止转动后，测量刚刚车削出来的外径尺寸。例如，测量值为 $\phi50.78$mm，则 X 轴对刀输入："X50.78"，测量（图 2-8）。

② 内孔刀的对刀方法。

内孔刀的对刀方法类似外径刀的对刀方法。

Z 轴对刀：内孔车刀轻微接触到已加工好的基准面（端面）后，就不可再作 Z 向移动。Z 轴对刀输入："Z0."，测量。

X 轴对刀：任意车削一内孔直径后，Z 向移动刀具远离工件，停止主轴转动，然后测量已车削好的内径尺寸。例如，测量值为 $\phi45.56$mm，则 X 轴对刀输入："X45.56"，测量。

③ 钻头、中心钻的对刀法。

Z 轴对刀：钻头（或中心钻）轻微接触到基准面后，就不可再作 Z 向移动。Z 轴对刀输入："Z0."，测量。

X 轴对刀：主轴不必转动，以手动方式将钻头沿 X 轴移动到钻孔中心，即看屏幕显示的机械坐标到 "X0.0" 为止。X 轴对刀输入："X0."，测量。

（5）编制程序。

编制程序如图 2-10 所示。

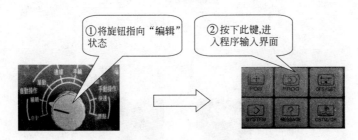

图 2-10　编制程序

该任务的零件加工程序如表 2-6 所示。

表 2-6　加工程序

O0001(加工左外圆柱面)	
G54G90M03S1500	确定坐标系，主轴转速 1500r/min
G00X100Z100	快速移动到安全点
T0101	选择 1 号刀

O0001（加工左外圆柱面）	
M08	冷却液开
G00X25Z2	快速进给到循环起点
G71U3R1	粗车外圆循环
G71P10Q20U0.5W0.5F0.2S1500	
N10 G01X10	
Z0	
X12 Z-1	精加工程序段
Z-12	
N20 G01 X22	
M03 S2500	确定精加工主轴转速 2500r/min
G70 P10 Q20	执行精加工程序
G00 X100 Z100 M09	退到安全点，关闭冷却液
M05	主轴停转
M30	程序结束并返回

O0002（调头加工右侧）	
G54G90M03S1500	确定坐标系，主轴转速 1500r/min
G00X100 Z100	快速移动到安全点
T0101	选择 1 号刀
M08	冷却液开
G00X25Z2	快速进给到循环起点
G71U3R1	粗车外圆循环
G71P10Q20U0.5W0.5F0.2S1500	
N10 G01X10	
Z0	
X12 Z-1	精加工程序段
Z-15.2	
N20 G01 X25	
M03 S2500	确定精加工主轴转速 2500r/min
G70 P10 Q20	执行精加工程序
G00 X100 Z100	退回安全点
M05	主轴停
T0202	选择切槽刀
M03 S1000	主轴转速 1000r/min
G00 X14	快速移动到槽的上方
Z-5.2	
G01 X11 F0.2	切槽
X14	退刀
G00 X50	退到安全点
Z100	
M05	主轴停
M30	程序结束并返回

（6）实际加工。

实际加工操作如图 2-11 所示。

注意：进行程序自动加工之前，必须手动将刀架移动至远离工件的安全位置。

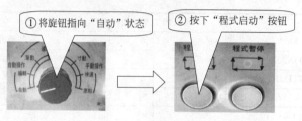

图 2-11　加工操作

（7）关机并清扫卫生。

（8）同步训练题。

① 加工如图 2-12 所示零件，材料为铝，毛坯尺寸为 $\phi50$mm 棒料。要求完成：粗、精车各表面、切槽、切断。

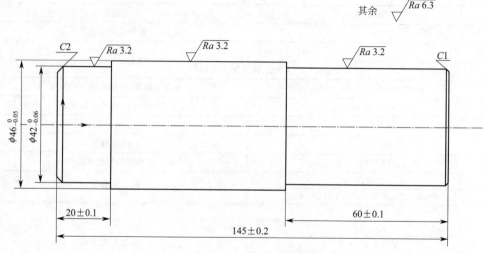

图 2-12　铝零件（$\phi50$）

② 加工如图 2-13 所示零件，材料为铝，毛坯尺寸为 $\phi45$mm 棒料。要求完成：粗、精车各表面、切槽、切断。

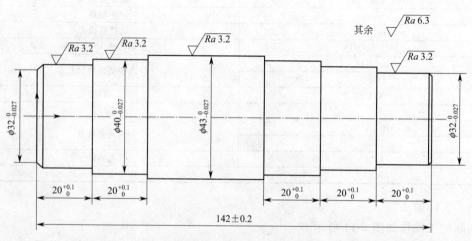

图 2-13　铝零件（$\phi45$）

2.2 任务二　切槽、螺纹加工

切槽、螺纹加工零件如图 2-14 所示（手机扫描二维码 M2-6 可观看视频）。

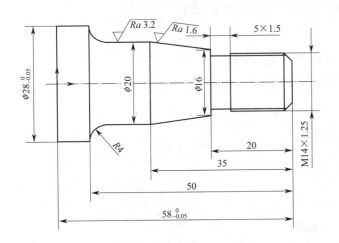

图 2-14　任务二零件图　　　　　　　　　　M2-6

【任务描述】 <<<——

（1）加工要求。

加工如图 2-12 所示零件，材料为铝，毛坯尺寸为 $\phi 30mm$ 棒料。要求完成：①粗、精车各表面；②切槽；③车螺纹；④切断。

加工设备：数控车床。

（2）准备工作。

加工以前完成相关准备工作，包括工艺分析及工艺路线设计、刀具及夹具的选择、程序编制等。

（3）操作步骤及内容。

① 开机，各坐标轴手动回机床原点。

② 将刀具依次装上刀架，根据加工要求选择 45°端面车刀、90°外圆车刀、切槽刀及 60°螺纹刀各一把，其编号分别为 0(1)、0(2)、0(3)、04，刀具材料采用硬质合金。

③ 用卡盘装夹工件。

④ 用试切法对刀，并设置好刀具参数。

⑤ 手动输入加工程序。

⑥ 调试加工程序。手动把刀具从工件处移开，选择自动模式，调出加工程序，设定安全距离，再按下启动键预演程序，检查刀具动作和加工路径是否正确。

⑦ 确认程序无误后，即可进行自动加工。

⑧ 取下工件，进行检测。选择游标卡尺检测尺寸，选择螺纹千分尺检测螺纹。

⑨ 清理加工现场。

⑩ 关机。

⑪ 分析操作过程，写出实训报告（工艺分析，数控编程）。

【任务目标】 ‹‹←—

◇ 巩固 G00、G0(1)、G71 数控编程指令，学习圆弧插补及螺纹加工。

◇ 能够独立完成切槽、切断、螺纹编程与加工。

◇ 具有选择量具，检测工件加工质量的初步能力。

◇ 熟练使用数控车床完成各种带槽的回转类零件的加工。

【相关知识】 ‹‹←—

（1）数控车床常用的 G 指令、M 指令见 2.1 任务。

（2）本任务需要用到的相关数控编程指令。

① G02/G03 圆弧插补指令。

G02/G03　X ＿ Z ＿ R ＿；

其中：X，Z——圆弧终点的坐标；

R——被加工圆弧的半径。

② G92 螺纹切削循环指令。

G92 X ＿ Z ＿ I ＿ F ＿；

其中：X，Z——螺纹终点的坐标值；

F——螺纹的导程；

I——圆锥螺纹起点与终点半径的差值。

③ G32 螺纹切削指令（非循环）。

G32 X ＿ Z ＿ F ＿；

其中：X，Z——螺纹终点绝对坐标值；

F——螺纹的导程。

（3）本任务用到的量具、工具。

① 游标卡尺（使用方法见 2.1 任务）。

② 螺纹千分尺，外观如图 2-15 所示，其使用方法见视频教学扫描二维码 M2-7。

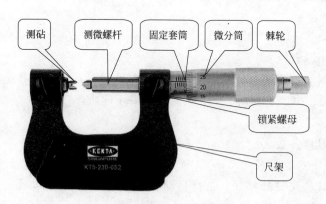

图 2-15　螺纹千分尺　　　　　　　　　　　　　　　　M2-7

a. 螺纹千分尺属于专用的螺旋测微量具，只能用于测量螺纹中径，螺纹千分尺具有特殊的测量头，测量头的形状做成与螺纹牙形相吻合的形状。即一个是 V 形测量头，与牙型凸起部分相吻合；另一个为圆锥形测量头，与牙型沟槽相吻合。千分尺有一套可换测量头，每一对测量头只能用来测量一定螺距范围的螺纹。螺纹千分尺适用于低精度要求的螺纹工件测量。

b. 测量步骤。

◇ 根据被测螺纹的螺距，选取一对测量头。

◇ 装上测量头，并校准千分尺的零位。

◇ 将被测螺纹放入两测量头之间，找正中径部位。

◇ 分别在同一截面相互垂直的两个方向上测量中径，取它们的平均值作为螺纹的实际中径。

【任务实施】 <<<—

（1）数控车床操作见 2.1 任务。

（2）开机、回参考点见 2.1 任务。

（3）制定加工工艺。

① 加工方案。

a. 采用三爪卡盘装卡工件，工件伸出卡盘 65mm。

b. 采用外圆车刀粗、精加工外圆柱面，再使用切槽刀切槽，最后加工螺纹。

c. 具体选用的刀具及加工工序见表 2-7、表 2-8。

表 2-7　刀具卡片

序号	刀具号	刀具名称	数量	加工表面	刀尖半径/mm
1	T01	外圆车刀	1	外圆柱面	0.8
2	T02	切槽刀	1	宽 1.2mm 的槽	
3	T03	螺纹刀	1	M14mm 的螺纹	
4	T04	切断刀	1		

表 2-8　工序卡片

工步号	工步内容	刀具号	主轴转速/(r/min)	进给速度/(mm/r)	背吃刀量/mm
1	粗车零件	T01	1000	0.2	3
2	精车零件	T01	1500	0.15	0.5
3	切 5mm 槽	T02	800	0.2	
4	加工螺纹	T03	800	0.15	
5	切断	T04	800	0.2	

② 对刀操作。

a. 外圆车刀对刀见 2.1 任务。

b. 螺纹刀对刀。

X 方向对刀同外圆刀对刀方法相同。

Z 方向对刀如图 2-16 所示。

Z向对螺纹刀不需要主轴旋转,移动刀具的同时,用眼观察螺纹刀的刀尖,如果刀尖与工件端面在一个平面内即输入Z0.,点击"测量",便可完成Z向对刀

图 2-16　螺纹刀 Z 向对刀

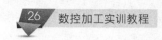

③ 程序编制。该任务零件的加工程序如表 2-9 所示。

表 2-9　加工程序

O0001	
G54G90M03S1000	确定坐标系,主轴转速 1000r/min
G00X100 Z100	快速移动到安全点
T0101	选择 1 号刀
M08	冷却液开
G00X32Z2	快速进给到循环起点
G71U3R1	粗车外圆循环
G71P10Q20U0.5W0.5F0.2S1000	
N10 G01X10	精加工程序段
Z0	
X14 Z-2	
Z-20	
X16	
X20 Z-35	
Z-46	
G02 X28 Z-50 R4	
Z-61	
N20 G01 X30	
M03 S1500	确定精加工主轴转速 2500r/min
G70 P10 Q20	执行精加工程序
G00 X100 Z100 M09	退到安全点,关闭冷却液
M05	主轴停转
T0202	选择切槽刀
M03 S800	主轴转速 1000r/min
G00 X20	移动至槽正上方
Z-20	
G01 X11 F0.2	切槽
X20	退刀
G00 X100	退至安全点
Z100	
T0303	选择螺纹刀
G00 X15 Z5	螺纹循环起点
G92 X13 Z-17 F1.25	螺纹切削循环
G92 X12.5 Z-17 F1.25	
G92 X12.375 Z-17 F1.25	
G00X100 Z100	退回到安全点
T0505	选择切断刀
G00 X30	
Z-63	
G01 X-1 F0.15	切断工件
G00 Z100	退回至安全点
M05	主轴停
M30	程序结束并返回

④ 实际加工。

进行实际加工时,按照图 2-17 所示操作。

注意:进行程序自动加工之前,必须手动将刀架移动至远离工件的安全位置。

⑤ 关机并清扫卫生。

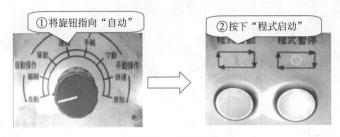

图 2-17　加工操作

⑥ 同步训练题。

a. 加工如图 2-18 所示零件，材料为铝，毛坯尺寸为 $\phi40mm$ 棒料。要求完成：粗、精车各表面、切槽、切断。

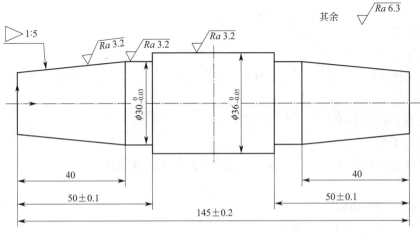

图 2-18　铝零件（$\phi40$）

b. 加工如图 2-19 所示零件，材料为铝，毛坯尺寸为 $\phi30mm$ 棒料。要求完成：粗、精车各表面、切槽、切断。

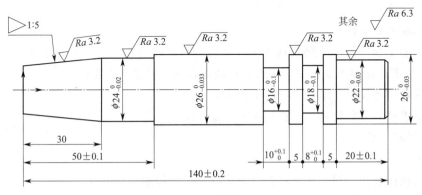

图 2-19　铝零件（$\phi30$）

2.3　任务三　圆球面加工

圆球面加工零件如图 2-20 所示（手机扫描二维码 M2-8 可观看视频）。

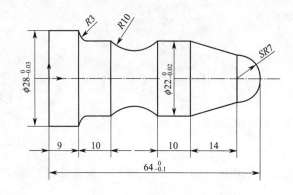

图 2-20 任务三零件图   M2-8

【任务描述】 <<<——

（1）加工要求。

被加工零件如图 2-20 所示，零件材料为铝，毛坯尺寸为 $\phi30$mm 棒料。要求完成：①粗、精车各表面；②切断。

加工设备：数控车床。

（2）准备工作。

加工以前完成相关准备工作，包括工艺分析及工艺路线设计、刀具及夹具的选择、程序编制等。

（3）操作步骤及内容。

① 开机，各坐标轴手动回机床原点。

② 将刀具依次装上刀架，根据加工要求选择 90°外圆车刀及切段刀各一把，其编号分别为 0(1) 02，刀具材料采用硬质合金。

③ 用卡盘装夹工件。

④ 用试切法对刀，并设置好刀具参数。

⑤ 手动输入加工程序。

⑥ 调试加工程序。手动把刀具从工件处移开，选择自动模式，调出加工程序，设定安全距离，再按下启动键预演程序，检查刀具动作和加工路径是否正确。

⑦ 确认程序无误后，即可进行自动加工。

⑧ 取下工件，进行检测。选择游标卡尺检测尺寸。

⑨ 清理加工现场。

⑩ 关机。

⑪ 分析操作过程，写出实训报告（工艺分析，数控编程）。

【任务目标】 <<<——

◇ 熟练掌握 G02/G03 圆弧插补指令。

◇ 能够独立完成刀具、工序卡片的制定。

◇ 能够独立完成圆弧类轴类零件的编程加工。

◇ 正确使用量具进行零件的检测。

【相关知识】 <<<——

（1）数控车床常用的 G 指令、M 指令见 2.1 任务。

（2）本任务需要用到的相关数控编程指令。

G02/G03 圆弧插补指令。

G02/G03　X＿＿Z＿＿R＿＿；

其中：X，Z——圆弧终点的坐标；

　　　　R——被加工圆弧的半径。

（3）本任务用到的量具、工具。

① 游标卡尺见 2.1 任务。

② 圆弧规，外形如图 2-21 所示，使用测量视频见 M2-9 二维码。

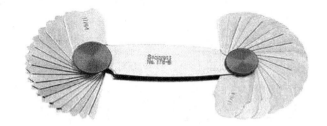

图 2-21　圆弧规　　　　　　　　　　　　　M2-9

圆弧规又称 R 规，是利用光隙法测量圆弧半径的工具。测量时必须使 R 规的测量面与工件的圆弧完全的紧密接触，当测量面与工件的圆弧中间没有间隙时，工件的圆弧度数则为此时 R 规上所表示的数字。

【任务实施】 <<<——

（1）数控车床操作见 2.1 任务。

（2）开机、回参考点见 2.1 任务。

（3）制定加工工艺。

① 加工方案。

a. 采用三爪卡盘装卡工件，工件伸出卡盘 66mm。

b. 使用外圆车刀进行工件的粗、精加工，使用切断刀切断。

c. 具体使用的刀具及加工工序见表 2-10、表 2-11。

表 2-10　刀具卡片

序号	刀具号	刀具名称	数量	加工表面	刀尖半径/mm
1	T01	外圆车刀	1	外圆柱面	0.8
2	T02	切断刀	1		

表 2-11　工序卡片

工步号	工步内容	刀具号	主轴转速/(r/min)	进给速度/(mm/r)	背吃刀量/mm
1	粗车零件	T01	1000	0.2	2
2	精车零件	T01	1500	0.15	0.5
3	切断	T02	800	0.2	

② 对刀操作。

a. 外圆车刀对刀见 2.1 任务。

b. 切槽刀对刀见 2.1 任务。

③ 程序编制。该任务零件的加工程序见表 2-12。

表 2-12　加工程序

O0001	
G54G90M03S1000	确定坐标系,主轴转速 1500r/min
G00X100 Z100	快速移动到安全点
T0101	选择 1 号刀
M08	冷却液开
G00X32Z2	快速进给到循环起点
G71U2R1	粗车外圆循环
G71P10Q20U0.5W0.5F0.2S1000	
N10 G01X0	精加工程序段
Z0	
G03 X14 Z-7 R7	
G01 X22 Z-21	
Z-31	
G02 X22 Z-45 R10	
Z-52	
G02 X28 Z-55 R3	
Z-65	
N20 G01 X30	
M03 S1500	确定精加工主轴转速 2500r/min
G70 P10 Q20	执行精加工程序
G00 X100 Z100 M09	退到安全点,关闭冷却液
M05	主轴停转
T0202	选择切断刀(刀宽 3mm)
M03 S800	主轴转速 1000r/min
G00 X30	移动至槽正上方
Z-67	
G01 X-1 F0.2	切槽
G00 X100	退至安全点
Z100	
M05	主轴停
M30	程序结束并返回

④ 实际加工具体操作见 2.1 任务。

⑤ 关机并清扫卫生。

⑥ 同步训练题。

a. 加工如图 2-22 所示零件,材料为铝,毛坯尺寸为 ϕ38mm 棒料。要求完成:粗、精车各表面、切槽、圆弧、切断。

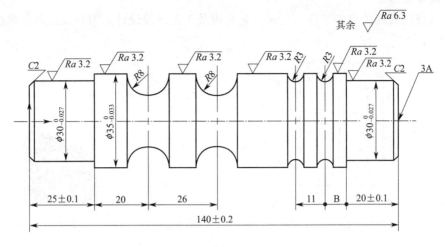

图 2-22　零件图 1（φ38）

b. 加工如图 2-33 所示零件，材料为铝，毛坯尺寸为 φ38mm 棒料。要求完成：粗、精车各表面、切槽、圆弧、切断。

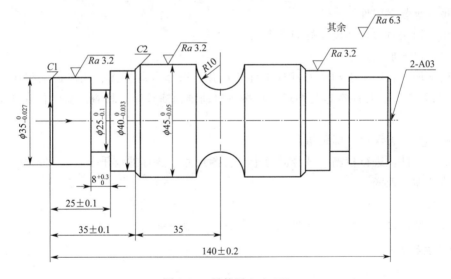

图 2-23　零件图 2（φ38）

2.4　任务四　内孔加工

内孔加工零件如图 2-24 所示（手机扫描二维码 M2-10 可观看视频）。

【任务描述】 <<<——

（1）加工要求。

加工如图 2-24 所示零件，材料为铸铁，毛坯为铸件，单边余量约 1mm，螺纹为公制直螺纹，螺距 1.5mm。要求完成：①粗、精车各表面；②切槽；③车螺纹。

加工设备：数控车床。

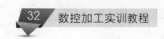

（2）准备工作。

加工以前完成相关准备工作，包括工艺分析及工艺路线设计、刀具及夹具的选择、程序编制等。

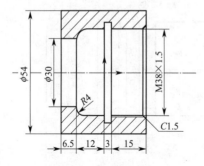

图 2-24 任务四零件图

M2-10

（3）操作步骤及内容。

① 开机，各坐标轴手动回机床原点。

② 将刀具依次装上刀架，根据加工要求选择 45°端面车刀、90°外圆车刀、切槽刀、内孔刀、60°内孔螺纹刀、内孔切槽刀（刀宽为槽宽 3mm）。

③ 用卡盘装夹工件。

④ 用试切法对刀，并设置好刀具参数。

⑤ 手动输入加工程序。

⑥ 调试加工程序。手动把刀具从工件处移开，选择自动模式，调出加工程序，按下辅助键中的机械锁定、程序空运行两键，再按下启动键预演程序，检查刀具动作和加工路径是否正确。

⑦ 确认程序无误后，即可进行自动加工。

⑧ 取下工件，进行检测。选择游标卡尺检测尺寸，选择螺纹千分尺检测螺纹。

⑨ 清理加工现场。

⑩ 关机。

⑪ 分析操作过程，写出实训报告（工艺分析，数控编程）。

【任务目标】 <<←——

◇ 熟练掌握内孔的加工方法。

◇ 能够独立完成刀具、工序卡片的制定。

◇ 能够独立完成带有内孔类轴类零件的编程加工。

◇ 正确使用量具进行零件的检测。

【相关知识】 <<←——

（1）数控车床常用的 G 指令、M 指令见 2.1 任务。

（2）本任务需要用到的相关数控编程指令。

① G02/G03 圆弧插补指令。

G02/G03 X __ Z __ R __；

其中：X，Z—— 圆弧终点的坐标；

R—— 被加工圆弧的半径。

② G92 螺纹切削循环指令。

G92 X __ Z __ I __ F __;

其中：X，Z——螺纹终点的坐标值；

F——螺纹的导程；

I——圆锥螺纹起点与终点半径的差值。

③ G71 粗车循环指令。

G71 U (d) R (e);

G71 P __ Q __ U __ W __;

其中：U (d)——每次走刀的背吃刀量；

R——每次 X 方向的退刀量；

P——精加工开始程序段号；

Q——精加工结束程序段号；

U——X 方向精加工余量；

W——Z 方向精加工余量。

④ G70 精加工循环指令。

G70　P __ Q __;

其中：P，Q——精加工程序开始、结束段号。

(3) 本任务用到的量具、工具。

① 游标卡尺。

② 螺纹环规，外观如图 2-25 所示。

图 2-25　螺纹环规

螺纹环规使用方法：

分别用两个环规往要被检测的外螺纹上拧（顺序随意）。

◇ 通规不过，（拧不过去）螺纹中径大了，产品不合格。

◇ 止规通过，中径小了，产品不合格。

◇ 通规可以在螺纹的任意位置转动自如，止规拧 1～3 圈（可能有时还能多拧一两圈，但螺纹头部没出环规端面）就拧不动了，这时说明检测的外螺纹中径正好在"公差带"内，是合格的产品。

【任务实施】 <<<—

(1) 数控车床操作见 2.1 任务。

(2) 开机、回参考点见 2.1 任务。

(3) 制定加工工艺。

① 加工方案。

a. 采用三爪卡盘装卡工件。

b. 用中心钻钻定位孔，再用钻头钻孔至直径 25mm。

c. 用内孔车刀完成内孔的粗、精加工；再用内槽刀加工内槽；最后使用内螺纹刀加工螺纹。

d. 具体选用的刀具及加工工序见表 2-13、表 2-14。

表 2-13 刀具卡片

序号	刀具号	刀具名称	数量	加工表面	刀尖半径/mm
1		中心钻	1	钻中心孔	
2		直径 15mm 钻头	1	钻孔	
3		直径 25mm 钻头	1	钻孔	
4	T01	内孔车刀	1	外圆柱面	0.8
5	T02	内切槽刀	1	内槽	
6	T03	内螺纹刀	1	内螺纹	

表 2-14 工序卡片

工步号	工步内容	刀具号	主轴转速/(r/min)	进给速度/(mm/r)	背吃刀量/mm
1	粗车零件	T01	800	0.2	2
2	精车零件	T01	1000	0.15	0.5
3	内切槽刀	T02	600	0.2	

② 对刀操作。

a. 内孔车刀对刀（文字部分详见 2.1 任务，视频见 M2-11 二维码）。

M2-11

b. 内切槽刀对刀（见 2.1 任务）。

③ 程序编制（具体加工程序见表 2-15）。

表 2-15 加工程序

O0001	
G54G90M03S800	确定坐标系,主轴转速 1500r/min
G00X100 Z100	快速移动到安全点
T0101	选择 1 号刀
M08	冷却液开
G00X23Z2	快速进给到循环起点
G71U2R1	粗车外圆循环
G71P10Q20U0.5W0.5F0.2S1500	
N10 G01X41	精加工程序段
Z0	
G01 X38 Z-1.5	
Z-26	

续表

O0001	
G03 X30 Z-30 R4	
G01 Z-37	精加工程序段
N20 G01 X25	
M03 S1000	确定精加工主轴转速 2500r/min
G70 P10 Q20	执行精加工程序
G00 X100 Z100 M09	退到安全点，关闭冷却液
M05	主轴停转
T0202	选择内切槽刀（刀宽 3mm）
M03 S600	主轴转速 1000r/min
G00 X25	移动至槽正上方
Z-18	
G01 X44 F0.2	切槽
G00 X10	退至安全点
Z100	
M05	主轴停
M30	程序结束并返回

④ 实际加工。实际加工见 2.1 任务。

⑤ 关机并清扫卫生。

2.5　任务五　综合复杂件加工

综合复杂件加工如图 2-26 所示（手机扫描二维码 M2-12 可观看视频）。

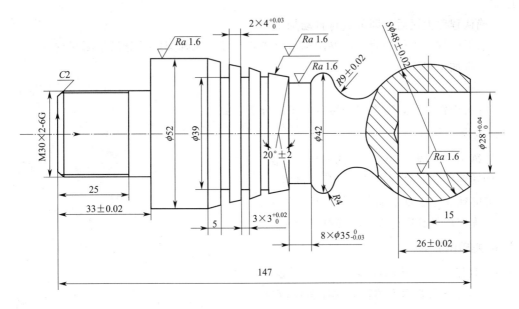

图 2-26　任务五零件图

M2-12

【任务描述】 <<<←

（1）加工要求。

加工如图 2-26 所示零件。材料为铝，毛坯为 φ55mm×150mm 棒料，螺纹为公制直螺纹，螺距 2mm。要求完成：①粗、精车各表面；②切槽；③车螺纹。

加工设备：数控车床。

（2）准备工作。

加工以前完成相关准备工作，包括工艺分析及工艺路线设计、刀具及夹具的选择、程序编制等。

（3）操作步骤及内容。

① 开机，各坐标轴手动回机床原点。

② 将刀具依次装上刀架。根据加工要求选择 45°端面车刀、90°外圆车刀、切槽刀、内孔刀及 60°螺纹刀。

③ 用卡盘装夹工件。

④ 用试切法对刀，并设置好刀具参数。

⑤ 手动输入加工程序。

⑥ 调试加工程序。手动把刀具从工件处移开，选择自动模式，调出加工程序，按下辅助键中的机械锁定、程序空运行两键，再按下启动键预演程序，检查刀具动作和加工路径是否正确。

⑦ 确认程序无误后，即可进行自动加工。

⑧ 取下工件，进行检测。选择游标卡尺检测尺寸，选择螺纹千分尺检测螺纹。

⑨ 清理加工现场。

⑩ 关机。

⑪ 分析操作过程，写出实训报告（工艺分析，数控编程）。

【任务目标】 <<<←

◇ 熟练掌握外圆、螺纹及内孔的加工方法。

◇ 能够独立完成刀具、工序卡片的制定。

◇ 能够独立完成复杂轴类零件的编程加工。

◇ 正确使用量具进行零件的检测。

【相关知识】 <<<←

（1）数控车床常用的 G 指令、M 指令见 2.1 任务。

（2）本任务需要用到的相关数控编程指令。

① G02/G03 圆弧插补指令。

G02/G03　X__ Z__ R__；

其中：X，Z—— 圆弧终点的坐标；

R—— 被加工圆弧的半径。

② G92 螺纹切削循环指令。

G92 X __ Z __ I __ F __；

其中：X，Z—— 螺纹终点的坐标值；

F—— 螺纹的导程；

I—— 圆锥螺纹起点与终点半径的差值。

③ G71 粗车循环指令。

G71 U（d）R（e）；

G71 P __ Q __ U __ W __；

其中：U（d）—— 每次走刀的背吃刀量；

R—— 每次 X 方向的退刀量；

P—— 精加工开始程序段号；

Q—— 精加工结束程序段号；

U—— X 方向精加工余量；

W—— Z 方向精加工余量。

④ G70 精加工循环指令。

G70　P __ Q __；

其中：P，Q—— 精加工程序开始、结束段号。

（3）本任务用到的量具、工具。

① 游标卡尺见 2.1 任务。

② 螺纹千分尺见 2.2 任务。

【任务实施】 <<<—

（1）数控车床操作见 2.1 任务。

（2）开机、回参考点见 2.1 任务。

（3）制定加工工艺。

① 加工方案。

a. 加工左端外圆柱面，采用三爪卡盘装卡工件，工件伸出卡盘 55mm。

b. 使用外圆车刀粗、精加工左端 φ30mm、φ52mm 外圆柱面，再利用螺纹刀加工 M30mm 螺纹。

c. 掉头装卡工件，工件伸出卡盘 100mm。

d. 使用中心钻钻定位孔，再用钻头钻孔至 φ25mm，最后使用内孔车刀完成粗、精加工 φ28mm 内孔。

e. 使用外圆车刀粗、精加工右端外圆柱面，再用槽刀加工槽。

f. 具体选用的刀具及加工工序见表 2-16、表 2-17。

表 2-16　刀具卡片

序号	刀具号	刀具名称	数量	加工表面	刀尖半径/mm
1	T05	中心钻	1	钻中心孔	
2	T06	直径 25mm 钻头	1	钻孔	

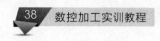

续表

序号	刀具号	刀具名称	数量	加工表面	刀尖半径/mm
3	T01	内孔车刀	1	内孔	0.8
4	T02	切槽刀	1	槽	刀宽2
5	T03	螺纹刀	1	螺纹	
6	T04	外圆车刀	1	外圆面	

表 2-17　工序卡片

工步号	工步内容	刀具号	主轴转速/(r/min)	进给速度/(mm/r)	背吃刀量/mm
1	粗车左外圆柱面	T04	800	0.2	2
2	精车左外圆柱面	T04	1000	0.15	0.5
3	加工螺纹	T03	600	0.15	
4	钻中心孔	T05	1000		
5	钻孔	T06	800		
6	粗车内孔	T01	800		
7	精车内孔	T01	1500		
8	粗车	T04	1000		
9	精车	T04	1500		
10	切槽	T02	600	0.2	

②　对刀操作见 2.1 任务。

a. 内孔车刀对刀。

b. 切槽刀对刀。

c. 外圆刀对刀。

d. 螺纹刀对刀。

③　程序编制（加工程序见表 2-18）。

表 2-18　加工程序

O0001	
G54G90M03S800	确定坐标系，主轴转速 1500r/min
G00X100 Z100	快速移动到安全点
T0404	选择 1 号刀
M08	冷却液开
G00X56Z2	快速进给到循环起点
G71U2R1	粗车外圆循环
G71P10Q20U0.5W0.5F0.2S1500	
N10 G01X26	精加工程序段
Z0	
G01 X30 Z-2	
Z-33	
G01 X50	
X52 Z-34	
Z-52	
N20 G01 X55	

O0001	
M03 S1000	确定精加工主轴转速 2500r/min
G70 P10 Q20	执行精加工程序
G00 X100 Z100 M09	退到安全点,关闭冷却液
M05	主轴停转
T0303	选择螺纹刀
M03 S600	主轴转速 600r/min
G00 X32 Z5	移动至循环起点,开始加工螺纹
G92 X29 Z-25 F2	
G92 X28 Z-25 F2	螺纹加工完成之后,调头装夹工件
G92 X27.6 Z-25 F2	
G92 X27.4 Z-25 F2	
O0002(调头加工)	
G54G90M03S800	确定坐标系并选择内孔车刀
T0101	
G00 X24 Z2	移动至循环起点
G71U2R1	粗加工循环
G71P10Q20U0.5W0.5F0.2S1000	
N10 G01 X30	精加工程序段
Z0	
X28 Z-1	
Z-26	
N20 G01 X24	
G00 Z50	退刀
X50	
M05	主轴停止
T0404	换外圆车刀
G00 X56	移动至循环起点
Z2	
G71U2R1	外圆粗车循环
G71P10Q20U0.5W0.5F0.2S1500	
N10 G01 X45.596	外圆精加工程序
Z0	
G03 X45.596 Z-30 R24	
G02 X42 Z-49 R9	
G03 X35 Z-57 R8	
G01 Z-65	
X42	
X52 Z-94	
Z-95	
N20 G01 X56	
G00 Z100	退刀
M05	主轴停止
T0202	换切槽刀
G00 X52	切槽
Z-75	
G01 X39 F0.2	
X52	
G00Z-82	
G01 X39 F0.2	
X52	

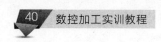

续表

O0002（调头加工）	
G00 Z-89	
G01 X39 F0.2	切槽
X52	
G00 Z100	退刀
M05	主轴停止
M30	程序结束并返回

④ 实际加工具体操作见 2.1 任务。

⑤ 关机并清扫卫生。

⑥ 同步训练题。

加工如图 2-27 所示零件，材料为铝，毛坯尺寸为 ϕ50mm 棒料。要求完成：粗、精车各表面、切槽、螺纹、切断。

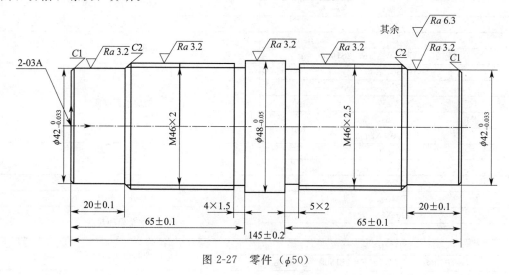

图 2-27　零件（ϕ50）

2.6　任务六　宏程序编程加工

宏程序编程加工零件如图 2-28 所示（手机扫描二维码 M2-13 可观看视频）。

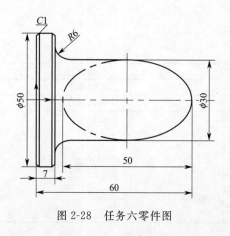

图 2-28　任务六零件图

M2-13

【任务描述】 <<←—

（1）加工要求。

加工如图 2-28 所示零件，材料为铝，毛坯为 $\phi55\text{mm}$ 棒料。要求完成：①粗、精车各表面；②切断。

加工设备：数控车床。

（2）准备工作。

加工以前完成相关准备工作，包括工艺分析及工艺路线设计、刀具及夹具的选择、程序编制等。

（3）操作步骤及内容。

① 开机，各坐标轴手动回机床原点。

② 将刀具依次装上刀架。根据加工要求，选择 45°端面车刀、90°外圆车刀、切槽刀。

③ 用卡盘装夹工件。

④ 用试切法对刀，并设置好刀具参数。

⑤ 手动输入加工程序。

⑥ 调试加工程序。手动把刀具从工件处移开，选择自动模式，调出加工程序，按下辅助键中的机械锁定、程序空运行两键，再按下启动键预演程序，检查刀具动作和加工路径是否正确。

⑦ 确认程序无误后，即可进行自动加工。

⑧ 取下工件，进行检测。选择游标卡尺检测尺寸。

⑨ 清理加工现场。

⑩ 关机。

⑪ 分析操作过程，写出实训报告（工艺分析，数控编程）。

【任务目标】 <<←—

◇ 熟练掌握宏程序指令格式及编程规范。

◇ 能够独立完成刀具、工序卡片的制定。

◇ 掌握宏程序编程方法。

◇ 能够独立完成特殊曲线宏程序类零件的编程与加工。

【相关知识】 <<←—

（1）数控车床常用的 G 指令、M 指令见 2.1 任务。

（2）本任务需要用到的相关宏程序编程指令。

① IF 条件转移语句。

IF＜条件表达式＞ GOTO n

表示如果指定的条件表达式满足，则转移至标有顺序号 n（行号）的程序段。如果不满足指定的条件表达式，则顺序执行下一个程序段。

IF＜条件表达式＞THEN

表示如果指定的条件表达式满足，则执行预先指定的宏程序语句，而且只执行一个宏程序语句。

② WHILE 循环语句。

WHILE＜条件表达式＞DO

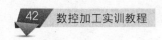

END

在 WHILE 后指定一个条件表达式，当指定条件满足时，则执行从 DO 到 END 之间的程序段，否则转到 END 之后的程序段。

③ 椭圆方程表达式。

椭圆的标准方程式：

$$\frac{X^2}{A} + \frac{Y^2}{B^2} = 1$$

将标准方程转化为机床坐标系的标准方程为：

$$\frac{Z^2}{A^2} + \frac{X^2}{B^2} = 1$$

假设长度方向上的变量是已知的，将机床坐标系的标准方程转化为用含有 Z 的变量来表示 X：

$$X = B \times \sqrt{A^2 - Z^2} / A$$

利用条件语句及调用子程序的方法进行多余毛坯的去除（留出精加工余量），最后调用一遍子程序进行精加工。

④ 抛物线方程表达式。

抛物线方程 $X = KY^2$ 转化为机床坐标系的标准方程为：

$$Z = KX^2$$

用变量 Z 表示 X：

$$X = \sqrt{Z/K}$$

利用条件语句及调用子程序的方法进行多余毛坯的去除（留出精加工余量），最后调用一遍子程序进行精加工。

（3）本任务用到的量具、工具。

① 游标卡尺。

② R 规。

【任务实施】 <<←

（1）数控车床操作见 2.1 任务。

（2）开机、回参考点见 2.2 任务。

（3）制定加工工艺。

① 采用三爪自定心卡盘装卡，工件伸出卡盘 65mm。

② 采用外圆车刀加工零件至尺寸要求，再用切断刀切断工件。

③ 具体选用的刀具及加工工序见表 2-19、表 2-20。

表 2-19　刀具卡片

序号	刀具号	刀具名称	数量	加工表面	刀尖半径/mm
1	T01	外圆车刀	1	外圆面	0.8
2	T02	切断刀	1		

表 2-20　工序卡片

工步号	工步内容	刀具号	主轴转速/(r/min)	进给速度/(mm/r)	背吃刀量/mm
1	粗车零件	T01	800	0.2	2
2	精车零件	T01	1500	0.15	0.5
3	切断刀	T02	600	0.2	

（4）对刀操作。

① 外圆车刀对刀见 2.1 任务。

② 切断刀对刀见 2.1 任务。

（5）程序编制（加工程序见表 2-21）。

表 2-21　加工程序

O0001	
G54G90M03S800	确定坐标系,主轴转速 800r/min
G00X100 Z100	快速移动到安全点
T0101	选择 1 号刀
M08	冷却液开
G00X52Z2	快速进给到循环起点
G71U2R1	粗车外圆循环
G71P10Q20U0.5W0.5F0.2S1500	
N10 G01X0	精加工程序段
Z0	
#1＝25	
N2 #2＝30＊SQRT[1−[#1＊#1]/[25＊25]]	
G01 X#1 Z[#1−25]	
#1＝#1−0.1	
IF[#1GE0]GOTO2	
G01 Z−47	
G02 X42 Z−53 R6	
X48	
X50 Z−54	
Z−61	
N20 G01 X55	
M05	
M03 S1000	确定精加工主轴转速 2500r/min
G70 P10 Q20	执行精加工程序
G00 X100 Z100 M09	退到安全点,关闭冷却液
M05	主轴停转
M30	程序结束并返回

（6）实际加工见 2.1 任务。

（7）关机并清扫卫生。

第 3 章

数控铣床实训项目

【内容提要与训练目标】 <<<←

本章主要讲述数控铣床的结构及基本操作，针对辽宁石化职业技术学院数控加工车间现有数控铣床和加工中心，实图讲解。

训练目标：

◇ 熟练掌握数控铣床和加工中心的操作面板和基本操作。

◇ 掌握各种工具、量具、铣刀的选择及使用方法。

◇ 掌握平面、曲线轮廓、曲面、孔等零件的数控铣削加工方法。

◇ 能够独立完成数控铣床零件的编程与加工。

3.1 任务一 平面轮廓加工

平面轮廓加工零件图如图 3-1 所示（手机扫描二维码 M3-1 可观看视频）。

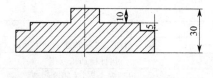

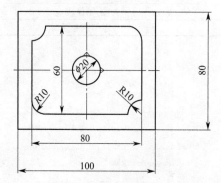

图 3-1　任务一零件图

M3-1

【任务描述】 <<<──

（1）加工要求。

毛坯为 100mm×80mm×32mm 板材，要求加工出如图 3-1 所示的外轮廓。工件材料为铝。

（2）步骤。

① 根据图纸要求，确定工艺方案及加工路线。

② 选用经济型数控铣床。

③ 选择刀具。先采用 ϕ20mm 的平底立铣刀用于轮廓的铣削，再用 ϕ10mm 的平底立铣刀进行轮廓精加工，并把刀具的直径输入刀具参数表中。

④ 选择夹具。以底面定位，用虎钳装夹。

⑤ 确定切削用量。切削用量的具体数值应根据该机床性能、相关的手册并结合实际经验确定，见加工程序。

⑥ 确定工件坐标系和对刀点。在 XOY 平面内确定以 O 点为工件原点，Z 方向以工件表面为工件原点，建立工件坐标系。

采用手动对刀方法把 O 点作为对刀点。

⑦ 编写程序。按该机床规定的指令代码和程序段格式，把加工零件的全部工艺过程编写成程序清单。

⑧ 分析操作过程，写出实训报告（工艺分析，数控编程）。

【任务目标】 <<<──

◇ 熟悉机床的操作面板及基本操作。

◇ 具有初步使用数控铣床和加工中心的能力。

◇ 熟悉数控铣床相关的工具、量具。

【相关知识】 <<<──

（1）数控铣床常用的 G 指令、M 指令见表 3-1、表 3-2。

表 3-1　数控铣床常用的 G 指令

G 代码	功能	G 代码	功能
G00	快速定位	G51	比例缩放
G01	直线插补	G50	取消比例缩放
G02	顺圆插补	G50.1	取消镜像
G03	逆圆插补	G51.1	可编程镜像
G04	暂停	G65	调用宏指令
G17/G18/G19	选择加工平面	G81	点钻循环
G21	公制尺寸	G83	深孔循环
G20	英制尺寸	G68	坐标系旋转
G28	返回参考位置	G69	取消坐标系旋转
G30	返回第二参考点	G80	钻削循环取消
G43	刀具长度补偿	G83	固定钻削循环
G44	刀具长度补偿	G84	攻螺纹循环
G40	取消刀尖半径补偿	G90	绝对坐标编程
G41	刀具半径左补偿	G91	相对坐标编程
G42	刀具半径右补偿	G92	坐标系设定
G49	取消长度补偿	G94	每分钟进给
G54～G59	选择工件坐标系	G95	每转进给

表 3-2 数控铣床常用的 M 指令

M 代码	是否模态	功能	M 代码	是否模态	功能
M00	非模态	程序暂停	M03	模态	主轴正转
M01	非模态	选择停止	M04	模态	主轴反转
M02	非模态	程序结束	M05	模态	主轴停转
M30	非模态	程序结束并返回	M07	模态	切削液开
M98	非模态	调用子程序	M08	模态	切削液开
M99	非模态	子程序结束	M09	模态	切削液关
M06		换刀			

(2) 本任务需要用到的相关 G 指令。

① G00 快速定位指令。

G00 X __ Y __ Z __;

其中：X，Y，Z—— 终点坐标。

注意：使用 G00 指令时，不能进行工件切削。

② G01 X __ Y __ Z __ F __;

其中：X，Y，Z—— 终点坐标；

F—— 进给速度。

③ G90/G91 绝对/相对坐标编程。

④ G17/G18/G19 平面选择指令。

其中：G17—— 选择 XY 坐标平面；

G18—— 选择 XZ 坐标平面；

G19—— 选择 YZ 坐标平面。

⑤ G40/G41/G42 刀具半径补偿指令。

a. 功能。

使用该指令时，只需按照零件轮廓编程，不需要计算刀具中心运动轨迹，从而简化计算和程序的编制。

b. 指令格式。

G41/G42 G00/G01 X __ Y __ D __ F __;

其中：G41/G42—— 刀具半径左/右补偿；

G00—— 取消刀具半径补偿；

X，Y—— 建立、取消刀具半径补偿时的目标坐标值；

D—— 刀具半径补偿号。

⑥ G02/G03 圆弧插补指令。

a. 功能。

使刀具在指定的平面内按照给定的进给速度进行顺时针或逆时针圆弧切削加工。

b. 指令格式。

G02/G03 X __ Y __ R __;

其中：G02/G03—— 圆弧顺、逆时针插补；

R—— 被加工圆弧半径。

⑦ M98/M99 子程序。

a. 功能。

　　把多次重复加工的内容按照一定格式编写成子程序，再反复调用该子程序完成零件的加工，大大简化了程序的编制。

　　b. 指令格式。

　　M98 △△△××××；

　　其中：△△△——子程序重复调用次数，如果调用 1 次，1 可以省略；

　　　　　　××××——被调用的子程序名。

　　⑧ G10 输入补偿值指令。

　　a. 功能。

　　在程序中运用编程指令指定刀具的补偿值。

　　b. 指令格式。

　　长度的几何补偿值编程格式：

　　G10 L10 P ＿ R ＿；

　　长度的磨损补偿值编程格式：

　　G10 L11 P ＿ R ＿；

　　半径的几何补偿值编程格式：

　　G10 L12 P ＿ R ＿；

　　半径的几何补偿值编程格式：

　　G10 L13 P ＿ R ＿；

　　其中：P——刀具补偿号；

　　　　　　R——刀具补偿量。

　　(3) 本任务需要用到的量具。

　　① 半径规。

　　半径规又称 R 规，是利用光隙法测量圆弧半径的工具（图 3-2）。测量时必须使 R 规的测量面与工件的圆弧完全紧密的接触，当测量面与工件的圆弧中间没有间隙时，工件的圆弧度数则为此时 R 规上所表示的数字。

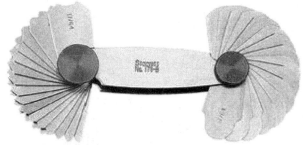

图 3-2　R 规

　　② 深度游标卡尺，外观见图 3-3，使用方法见视频二维码 M3-2。

　　深度游标卡尺用于测量零件的深度尺寸或台阶高低和槽的深度。它的结构特点是：尺框的两个量爪连成一起成为一个带游标测量基座，基座的端面和尺身的端面就是它的两个测量面。如测量内孔深度时，应把基座的端面紧靠在被测孔的端面上，使尺身与被测孔的中心线平行，伸入尺身，则尺身端面至基座端面之间的距离，就是被测零件的深度尺寸。它的读数方法和游标卡尺完全一样。

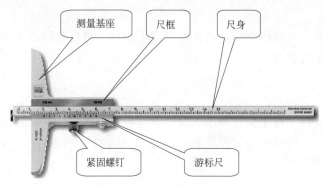

图 3-3　深度游标卡尺

M3-2

【任务实施】 <<<——

（1）认识数控铣床。

① 数控铣床介绍。

数控铣床是一种用途广泛的机床，有立式和卧式两种，一般数控铣床是指规格较小的升降台立式数控铣床，规格较大的数控铣床其功能已向加工中心靠近，进而演变成柔性加工单元，一般情况下，在数控铣床上只能用来加工平面曲线的轮廓。

数控铣削是机械加工中最常用和最主要的数控加工方法之一，数控铣床用途广泛，它除能铣削普通铣床所能加工的（如各种平面、沟槽、螺旋槽、成形表面和孔等）各种零件表面外，还能加工各种平面和空间等复杂型面，适合于各种模具、凸轮、板类及箱体类零件的加工。适合数控铣床加工的主要对象有以下几类。

◇ 平面类零件。

◇ 变斜角类零件。

◇ 曲面类零件。

② 加工中心结构见图 3-4。

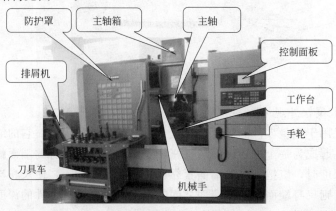

图 3-4　加工中心结构

③ 加工中心操作面板见图 3-5，操作视频见二维码 M3-3。

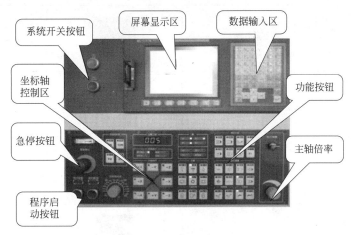

图 3-5 控制面板结构

M3-3

④ 按钮介绍。

数控铣床按钮的名称及功能介绍见表 3-3。

表 3-3 数控铣床按钮介绍

按 键	功 能	按 键	功 能
POS	位置显示键	PROG	程序键
O P	地址和数字键	OFS/SET	偏置/设置键
SHIFT	上档键	CAN	取消键
INPUT	输入键	SYSTEM	系统参数键
MESSAGE	信息键	CSTM/GR	图形显示键

续表

按　键	功　能	按　键	功　能
ALTER	替换键	INSERT	插入键
DELETE	删除键	PAGE	翻页键
RESET	复位键	EOB E	分号键
	急停开关		进给倍率按钮
	手动快速进给按钮		程序启动、暂停按钮
	单句运行程序控制按钮		主轴正转
	快进倍率按钮		回参考点按钮
主轴刀号	显示主轴刀具号		手轮按钮
	资料输入按钮，自动加工用		自动加工按钮，执行程序用
	编辑按钮，输入程序用		主轴转速倍率旋钮

（2）开机、回参考点见操作视频二维码 M3-4。

M3-4

① 开机。

打开外部电源开关，启动机床电源，按下操作面板上的电源开关，将操作面板上的紧急停止按钮右旋弹起，若开机成功，显示屏显示正常，无报警。具体操作流程如图 3-6 所示。

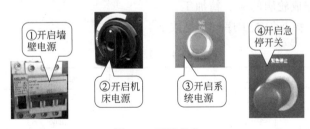

图 3-6　开机操作

② 回参考点。

a. 加工中心具体回参考点操作如图 3-7 所示。

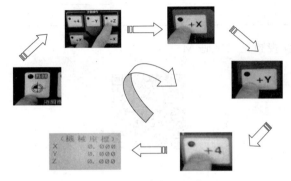

图 3-7　回参考点操作

b. 数控铣床回参考点具体操作如图 3-8 所示。

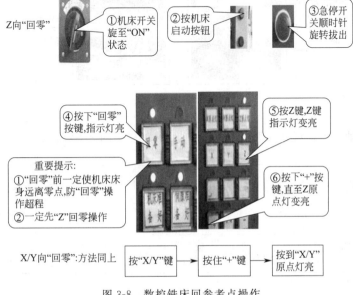

图 3-8　数控铣床回参考点操作

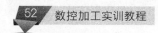

（3）制定加工工艺。

① 加工方案。

a. 采用平口钳装夹工件，用百分表找正。

b. 采用平铣刀完成轮廓的粗、精加工。

c. 具体刀具的选择及加工工序安排见表 3-4、表 3-5。

表 3-4　刀具卡片

序号	刀具号	刀具名称	数量	加工表面	刀具直径/mm
1	T01	平铣刀	1	轮廓	20
2	T02	平铣刀	1	轮廓	10

表 3-5　工序卡片

工步号	工步内容	刀具号	主轴转速/(r/min)	进给速度/(mm/min)	背吃刀量/mm
1	粗铣	T01	800	300	5
2	精铣	T01	1500	500	0.5

② 对刀操作（操作视频见二维码 M3-5）。

M3-5

a. 安装对刀仪（机械寻边器），具体操作见图 3-9。

注意:左手握住刀柄,将其插入主轴锥面内

注意:右手同时按住所指两个按钮

图 3-9　安装对刀仪

b. X/Y/Z 轴对刀，操作步骤及图示分别如图 3-10～图 3-12 所示。

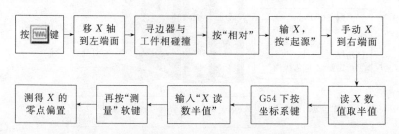

图 3-10　按钮操作流程

同理，Y 方向中心对刀步骤只是改"左、右"为"前、后"端寻边器与工件相碰。

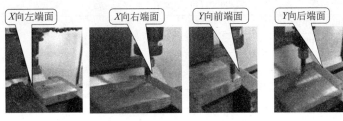

图 3-11　X 方向对刀

Z 方向的对刀方法是：采用 Z 向设定器对刀。

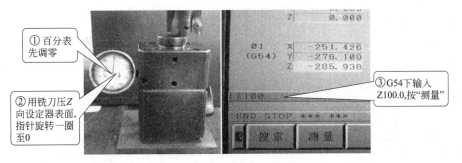

图 3-12　Z 方向对刀

③ 程序编制（加工程序见表 3-6）。

表 3-6　加工程序

O0001（粗、精加工主程序）	
G91 G30 Z0	
T01	换 1 号刀
M06	
G54G90M03S800	确定坐标系，主轴转速 800r/mim
G00 Z5	快速进给
X0 Y-65	
G01 Z-5 F40	下刀深度 5mm
G10 L12 P1 R40	半径补偿值为 40mm
M98 P0002	调用子程序
G10 L12 P1 R31	半径补偿值为 31mm
M98 P0002	调用子程序
G10 L12 P1 R22	半径补偿值为 22mm
M98 P0002	调用子程序
G10 L12 P1 R13	半径补偿值为 13mm
M98 P0002	调用子程序
G10 L12 P1 R10.5	半径补偿值为 10.5mm
M98 P0002	调用子程序
G01 Z-10	下刀深度 10mm

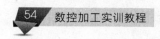

续表

O0001（粗、精加工主程序）	
G10 L12 P1 R40	
M98 P0002	
G10 L12 P1 R31	
M98 P0002	
G10 L12 P1 R22	重复粗加工
M98 P0002	
G10 L12 P1 R13	
M98 P0002	
G10 L12 P1 R10.5	
M98 P0002	
G91 G30 Z0	
T02	换精加工铣刀
M06	
M03 S2500	主轴转速 1500r/min
G01 Z-10	
G10 L12 P2 R5	给 2 号刀半径补偿值为 5mm
M98 P0002	调用子程序
M05	主轴停止
G91 G30 Z0	
T01	换 1 号刀
M06	
M03 S800	转速 800r/min
G01 Z-5 F40	下刀 5mm
G10 L12 P1 R16	给 1 号刀半径补偿值 16mm
M98 P0003	调用子程序
G10 L12 P1 R10.5	给 1 号刀半径补偿值 10.5mm
M98 P0003	调用子程序
G91 G30 Z0	
T02	换 2 号刀进行精加工
M06	
M03 S2500	
G01 Z-5	
G10 L12 P2 R5	半径补偿 5mm
M98 P0003	调用子程序
G00 Z100	
M05	
M30	
O0002（子程序）	
G42 G01 X0 Y-10 D01	加刀补
G03 X0 Y10 R10	
G03 X0 Y-10 R10	
G40 G01 X0 Y-65	取消半径补偿

续表

O0002（子程序）	
M99	子程序结束

O0003（子程序）	
G42 G01 X0 Y-30 D01	
G01 X30	
G02 X40 Y-20 R10	
G01 Y20	
G03 X30 Y30 R10	
G01 X-30	
G02 X-40 Y20 R10	
G01 Y-20	
G03 X30 Y-30 R10	
G01 X5	
G40 G01 X0 Y-65	
M99	

④ 实际加工如图 3-13 所示。

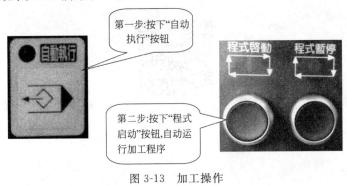

图 3-13　加工操作

⑤ 同步训练。

毛坯为 110mm×110mm×35mm 板材，要求加工出如图 3-14 所示的外轮廓。工件材料为铝。

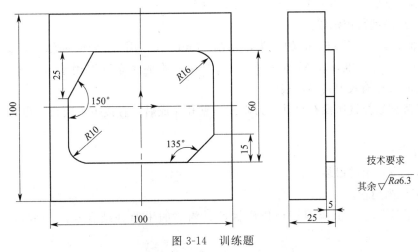

图 3-14　训练题

3.2 任务二 孔系零件加工

孔系零件加工图如图 3-15 所示（手机扫描二维码 M3-6 可观看视频）。

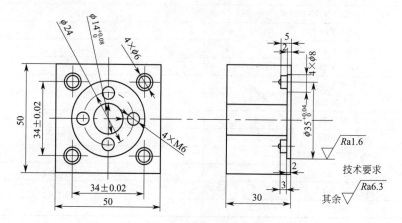

图 3-15 任务二零件图

M3-6

【任务描述】 <<<——

（1）加工要求。

毛坯为 50mm×50mm×30mm 板材，要求加工出如图 3-14 所示的 4×φ6mm 的沉头孔，4×M6mm 螺纹，φ14mm 通孔及 φ35mm 的孔。工件材料为铝。

（2）操作步骤。

① 根据图纸要求，确定工艺方案及加工路线。

② 选用经济型数控铣床。

③ 选择刀具。采用 φ6mm 的钻头，钻削 φ6mm 孔；用 φ14mm 的钻头，钻削 φ14mm 的孔；用 φ6mm 的丝锥，攻 M6mm 螺纹；φ16mm 的平底立铣刀用于 φ35mm 孔的铣削，并把该刀具的直径输入刀具参数表中。

由于经济型数控铣床没有自动换刀功能，钻孔完成后，直接手工换刀。也可采用加工中心加工。

④ 选择夹具。

以底面定位，用虎钳装夹。

⑤ 确定切削用量。

切削用量的具体数值应根据该机床性能、相关的手册并结合实际经验确定，见加工程序。

⑥ 确定工件坐标系和对刀点。

在 XOY 平面内确定以 O 点为工件原点，Z 方向以工件表面为工件原点，建立工件坐标系。

采用手动对刀方法把 O 点作为对刀点。

⑦ 编写程序。

按该机床规定的指令代码和程序段格式，把加工零件的全部工艺过程编写成程序清单。

⑧ 分析操作过程，写出实训报告（工艺分析，数控编程）。

【任务目标】<<<——

◇ 掌握 G80/G81/G83/G84 孔加工指令。

◇ 能够独立完成孔系零件的编程与加工。

◇ 能够选择合适的量具检测工件。

【相关知识】<<<——

(1) 数控铣床常用的 G 指令、M 指令（详见 3.1 任务）。

(2) 本任务需要用到的相关 G 指令。

① G81 点钻循环。

a. 功能。

主要用于浅孔加工。

b. 指令格式。

G99/G98 G81 X __ Y __ Z __ R __ F __;

其中：X，Y——孔的中心坐标值；

$\qquad$ Z——孔底的坐标值；

$\qquad$ R——参考平面坐标值，通常距离待加工孔上表面 5mm 左右；

$\qquad$ F——钻削进给速度。

注意：

a. 孔加工固定循环中，各功能字为模态指令。

b. 可以采用 G80 指令取消孔加工循环。

② G82 镗阶梯孔循环。

a. 功能。

主要用于加工盲孔或者阶梯孔。

b. 指令格式。

G99/G98 G82 X __ Y __ Z __ R __ P __ F __;

其中：P——刀具在孔底的暂停时间，单位为毫秒。

注意：

G81 与 G82 的区别在于：刀具在孔底的暂停动作，有助于提高孔底的精度。

③ G83 深孔钻削循环。

a. 功能。

主要用于深孔加工。

b. 指令格式。

G99/G98 G83 X __ Y __ Z __ R __ Q __ F __;

其中：Q——每次进刀深度。

④ G85 镗孔加工循环。

a. 功能。

主要用于镗孔、铰孔、扩孔加工。

b. 指令格式。

G99/G98 G85 X ＿ Y ＿ Z ＿ R ＿ F ＿；

⑤ G76 精镗孔加工循环。

a. 功能。

用于精镗孔加工。

b. 指令格式。

G99/G98 G76 X ＿ Y ＿ Z ＿ R ＿ Q ＿ P ＿ F ＿；

其中：Q——刀具在孔底的偏移量。

⑥ G74/G84 攻螺纹加工循环。

a. 功能。

加工左旋（G74）或者右旋（G84）螺纹。

b. 指令格式。

G99/G98 G74/G84 X ＿ Y ＿ Z ＿ R ＿ F ＿；

其中：进给速度（F）＝螺纹的螺距×主轴转速。

（3）本任务需要用到的相关量具。

① 游标卡尺见 2.1 任务。

② 螺纹规见 2.4 任务。

【任务实施】 <<←

（1）数控铣床操作见 3.1 任务。

（2）开机、回参考点见 3.1 任务。

（3）制定加工工艺。

① 加工方案。

a. 采用平口钳装卡工件，用百分表找正。

b. 用中心钻钻中心孔。

c. 用 ϕ5mm 的麻花钻钻 4 个 M6mm 的孔。

d. 用 ϕ6mm 的麻花钻钻 4 个 ϕ6mm 的孔。

e. 用 ϕ12mm 的麻花钻钻 ϕ14mm 的孔。

f. 用 ϕ14mm 的镗刀镗 ϕ14mm 的孔。

g. 用 ϕ16mm 的铣刀铣 ϕ35mm 的型腔。

② 具体选用的刀具及加工工序见表 3-7、表 3-8。

表 3-7　刀具卡片

序号	刀具号	刀具名称	数量	加工表面	刀具直径/mm
1	T01	中心钻	1	工艺孔	
2	T02	ϕ5mm 的钻头	1	加工孔	5
3	T03	丝锥	1	攻 M6mm 的螺纹	

续表

序号	刀具号	刀具名称	数量	加工表面	刀具直径/mm
4	T04	ϕ6mm 钻头	1	加工孔	6
5	T05	ϕ12mm 钻头	1	加工孔	12
6	T06	ϕ14mm 镗刀	1	加工孔	14
7	T07	ϕ16mm 平铣刀	1	加工型腔	16

表 3-8　工序卡片

工步号	工步内容	刀具号	主轴转速/(r/min)	进给速度/(mm/min)	背吃刀量/mm
1	钻工艺孔	T01	1000	60	
2	钻 ϕ5mm 孔	T02	1200	120	
3	攻螺纹	T03	100	150	
4	钻 ϕ6mm 孔	T04	1200	120	
5	钻 ϕ12mm 孔	T05	600	70	
6	镗 ϕ14mm 孔	T06	1200	150	
7	铣型腔	T07	1500	50	2

（4）对刀操作。

详细操作方法见 3.1 任务。

（5）程序编制（加工程序见表 3-9）。

表 3-9　加工程序

O0001	
G91 G30 Z0	换 1 号刀（中心钻）
T01	
M06	
G54 G90 M03 S1000	转速 1000r/min
G99 G81 X0 Y0 Z-3 R5 F50	在所有孔的位置钻工艺孔
Y12.25	
X12.25 Y0	
X0 Y-12.25	
X-12.25 Y0	
X-17 Y17	
X17	
Y-17	
X-17	
G80 G91 G30 Z0 M05	换 2 号刀
T02	
M06	
G90 G43 G0 Z5 H02	加长度补偿
M03 S1200	转速 1200r/min
G99 G81 X0 Y12.25 Z-33 R5 F120	钻螺纹底孔
X12.25 Y0	
X0 Y-12.25	
X-12.25 Y0	
G49 G80 G91 G30 Z0 M05	换 3 号刀（丝锥）
T03	
M06	

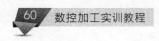

O0001	
M03 S150	转速 150r/min
G90 G43 G00 Z5 H03	
G99 G84 X0 Y12.25 Z-33 R5 F150	
X12.25 Y0	攻螺纹
X0 Y-12.25	
X-12.25 Y0	
G49 G00 Z50 M05	
G91 G30 Z0	换 4 号刀
T04	
M06	
G90 G43 G00 Z5 H04	
M03 S1200	
G99 G81 X17 Y17 Z-5 R5 F120	
Y-17	钻孔
X17	
Y17	
G49 G80 M05	
G91 G30 Z0	换 5 号刀
T05	
M06	
G90 G43 G0 Z5 H05	
M03 S600	
G99 G81 X0 Y0 Z-33 R5 F70	钻 ϕ12mm 孔
G80 G49 M05	
G91 G30 Z0	
T06	换 6 号刀
M06	
M03 S1200	
G43 G90 G0 Z5 H06	
G99 G85 X0 Y0 Z-33 R5 F150	镗孔 ϕ14mm
G80 G49 M05	取消长度补偿
G91 G30 Z0	
T07	换 7 号刀(平铣刀)
M06	
M03 S1500	
G90 G43 G0 Z5 H07	
X0 Y0	
G01 Z-2 F30	
G41 G01 X17.5 Y0 D01	铣 ϕ35mm 型腔
G03 X-17.5 Y0 R17.5	
G03 X17.5 Y0 R17.5	
G40 G00 X0 Y0	
G49 G00 Z100	
M05	主轴停止
M30	程序结束并返回

（6）实际加工。

（7）同步训练题。

毛坯为 110mm×110mm×18mm 板材，要求加工出如图 3-16 所示的工件，工件材料为铝。

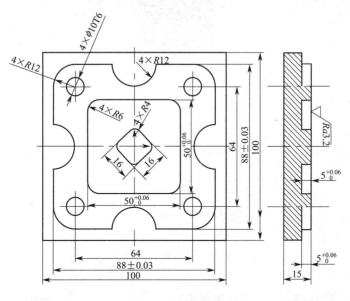

图 3-16　训练题

3.3　任务三　型腔零件加工

型腔零件加工如图 3-17 所示（手机扫描二维码 M3-7 可观看视频）。

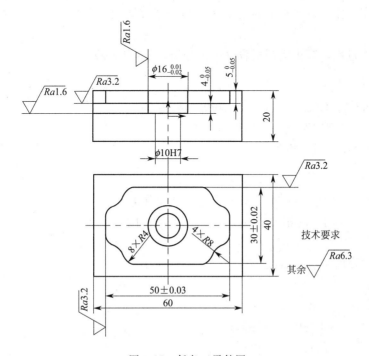

图 3-17　任务三零件图

M3-7

【任务描述】 <<<—

（1）加工要求。

毛坯为 60mm×40mm×20mm 板材，要求加工出如图 3-17 所示的型腔，工件材料为铝。

（2）步骤。

① 根据图纸要求，确定工艺方案及加工路线。

② 选用经济型数控铣床。

③ 选择刀具。先采用 φ8mm 的平底立铣刀用于型腔铣削的粗、精加工，并把刀具的直径输入刀具参数表中。

④ 选择夹具。以底面定位，用虎钳装夹。

⑤ 确定切削用量。切削用量的具体数值应根据该机床性能、相关的手册并结合实际经验确定，见加工程序。

⑥ 确定工件坐标系和对刀点。在 XOY 平面内确定以 O 点为工件原点，Z 方向以工件表面为工件原点，建立工件坐标系。

采用手动对刀方法把 O 点作为对刀点。

⑦ 编写程序。按该机床规定的指令代码和程序段格式，把加工零件的全部工艺过程编写成程序清单。

⑧ 分析操作过程，写出实训报告（工艺分析，数控编程）。

【任务目标】 <<<—

◇ 巩固 G00/G01/G02/G03/G81/G80 等编程指令。

◇ 能够独立完成型腔系零件的编程与加工。

◇ 能够选择合适的量具检测工件。

【相关知识】 <<<—

（1）数控铣床常用的 G 指令、M 指令（见 3.1 任务）。

（2）本任务需要用到的相关 G 指令。

① G81 点钻循环。

a. 功能。主要用于浅孔加工。

b. 指令格式。

G99/G98 G81 X __ Y __ Z __ R __ F __ ;

其中：X，Y——孔的中心坐标值；

    Z——孔底的坐标值；

    R——参考平面坐标值，通常距离待加工孔上表面 5mm 左右；

　　　　F——钻削进给速度。

注意：

a. 孔加工固定循环中，各功能字为模态指令。

b. 可以采用 G80 指令取消孔加工循环。

② G82 镗阶梯孔循环。

a. 功能。

主要用于加工盲孔或者阶梯孔。

b. 指令格式。

G99/G98 G82 X ＿ Y ＿ Z ＿ R ＿ P ＿ F ＿；

其中：P——刀具在孔底的暂停时间，单位为毫秒。

注意：

G81 与 G82 的区别在于：刀具在孔底的暂停动作，有助于提高孔底的精度。

③ G85 镗孔加工循环。

a. 功能。

主要用于镗孔、铰孔、扩孔加工。

b. 指令格式。

G99/G98 G85 X ＿ Y ＿ Z ＿ R ＿ F ＿；

④ G10 输入补偿值指令。

a. 功能。

在程序中运用编程指令指定刀具的补偿值。

b. 指令格式。

长度的几何补偿值编程格式：

G10 L10 P ＿ R ＿；

长度的磨损补偿值编程格式：

G10 L11 P ＿ R ＿；

半径的几何补偿值编程格式：

G10 L12 P ＿ R ＿；

半径的磨损补偿值编程格式：

G10 L13 P ＿ R ＿；

其中：P——刀具补偿号；

　　　　R——刀具补偿量。

（3）本任务需要用到的相关量具。

① 深度游标卡尺见 3.1 任务。

② 游标卡尺见 2.1 任务。

③ 粗糙度样块。

【任务实施】 <<<—

（1）数控铣床操作见 3.1 任务。

（2）开机、回参考点见 3.1 任务。

（3）制定加工工艺。

① 加工方案。

a. 采用平口钳装卡工件，用百分表找正。

b. 用中心钻钻中心孔。

c. 用 $\phi9.7mm$ 的麻花钻钻 $\phi10mm$ 的孔。

d. 用 $\phi10mm$ 的铰刀铰 $\phi10mm$ 的孔。

e. 用 $\phi16mm$ 的镗刀镗 $\phi16mm$ 的孔。

f. 用 $\phi8mm$ 的铣刀粗、精铣型腔。

② 具体选用的刀具及加工工序见表 3-10、表 3-11。

表 3-10　刀具卡片

序号	刀具号	刀具名称	数量	加工表面	刀具直径/mm
1	T01	中心钻	1	工艺孔	
2	T02	$\phi9.7mm$ 的钻头	1	加工孔	
3	T03	$\phi10mm$ 铰刀	1	加工孔	10
4	T04	$\phi16mm$ 镗刀	1	加工孔	16
5	T05	$\phi8mm$ 铣刀	1	型腔	8

表 3-11　工序卡片

工步号	工步内容	刀具号	主轴转速/(r/min)	进给速度/(mm/min)	背吃刀量/mm
1	钻工艺孔	T01	1000	60	
2	钻 $\phi9.7mm$ 孔	T02	800	60	
3	铰 $\phi10mm$ 孔	T03	200	40	
4	镗 $\phi16mm$ 孔	T04	1500	120	
5	铣型腔	T05	1500	50	

（4）对刀操作详细操作方法见 3.1 任务。

（5）程序编制（加工程序见表 3-12）。

表 3-12　加工程序

O0001
G91 G30 Z0
T01
M06
G54 G90 M03 S1000
G99 G81 X0 Y0 Z-3 R5 F60
G80 G91 G30 Z0 M05
T02
M06
G90 G43 G0 Z5 H02
M03 S800
G99 G81 X0 Y0 Z-23 R5 F60
G49 G80 G91 G30 Z0 M05
T03
M06
M03 S200
G90 G43 G00 Z5 H03

O0001	
G99 G85 X0 Y0 Z-23 R5 F40	
G49 G00 Z50 M05	
G91 G30 Z0	
T04	
M06	
G90 G43 G00 Z5 H04	
M03 S1500	
G99 G85 X0Y0 Z-9 R5 F120	
G49 G80 M05	
G91 G30 Z0	
T05	
M06	
G90 G43 G0 Z5 H05	
M03 S1500	
G00 X0 Y0	
G01 Z-5 F30	
G10 L12 P6 R12	6 号补偿里输入半径 "12"
M98 P0002	
G10 L12 P7 R9	7 号补偿里输入半径 "9"
M98 P0003	
G10 L12 P8 R6	8 号补偿里输入半径 "6"
M98 P0004	
G10 L12 P1 R4	1 号补偿里输入半径 "4"
M98 P0005	
G00 Z50	
M05	
O0002	
G41 G01 X8 Y0 D02 F50	
X25 Y0	
Y3. 69	
G03 X22. 33 Y7. 46 R4	
G02 X17. 46 Y12. 33 R8	
G03 X13. 69 Y15 R4	
G01 X-13. 69	
G03 X-17. 46 Y12. 33 R4	
G02 X-22. 33 Y7. 46 R8	
G03 X-25 Y3. 69 R4	
G01 Y-3. 69	
G03 X-22. 33 Y-7. 46 R4	
G02 X-17. 46 Y-12. 33 R8	
G03 X-13. 69 Y-15 R4	
G01 X13. 69	
G03 X17. 46 Y-12. 33 R4	
G02 X22. 33 Y-7. 46 R8	
G03 X25 Y-3. 69 R4	
G01 Y0	
G40 G01 X0 Y8	
M99	

（6）实际加工见 3.1 任务。

（7）同步训练题。

毛坯为 110mm×110mm×15mm 板材，要求加工出如图 3-18 所示的工件，工件材料为铝。

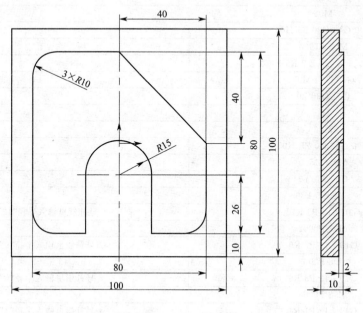

图 3-18 训练题

3.4 任务四 宏程序编程加工

宏程序编程加工如图 3-19 所示（手机扫描二维码 M3-8 可观看视频）。

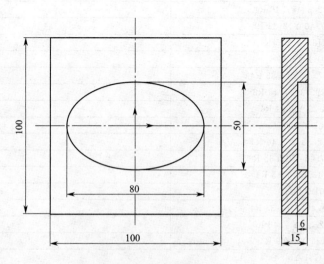

图 3-19 任务四零件图

M3-8

【任务描述】 <<<—

（1）加工要求。

毛坯为 100mm×100mm×15mm 板材，要求加工出如图 3-19 所示的椭圆型腔。工件材料为铝。

（2）步骤。

① 根据图纸要求，确定工艺方案及加工路线。

② 选用数控铣床（或加工中心）。

③ 选择刀具。先采用 ϕ12mm 的平底立铣刀粗，精加工椭圆型腔。

④ 选择夹具。以底面定位，用虎钳装夹。

⑤ 确定切削用量。切削用量的具体数值，应根据该机床性能、相关的手册并结合实际经验确定，见加工程序。

⑥ 确定工件坐标系和对刀点。在 XOY 平面内确定以 O 点为工件原点，Z 方向以工件表面为工件原点，建立工件坐标系。

采用手动对刀方法把 O 点作为对刀点。

⑦ 编写程序。采用宏程序编程，把加工零件的全部工艺过程编写成程序清单。

⑧ 分析操作过程，写出实训报告（工艺分析，数控编程）。

【任务目标】 <<<—

◇ 熟练掌握宏程序指令格式及编程规范。

◇ 能够独立完成刀具、工序卡片的制定。

◇ 掌握宏程序编程方法。

◇ 能够独立完成特殊曲线宏程序类零件的编程与加工。

【相关知识】 <<<—

（1）数控铣床常用的 G 指令、M 指令（见 3.1 任务）。

（2）本任务需要用到的相关宏程序编程指令。

① IF 条件转移语句。

IF<条件表达式>GOTOn

表示如果指定的条件表达式满足，则转移至标有顺序号 n（行号）的程序段。如果不满足指定的条件表达式，则顺序执行下一个程序段。

IF<条件表达式>THEN

表示如果指定的条件表达式满足，则执行预先指定的宏程序语句，而且只执行一个宏程序语句。

② WHILE 循环语句。

WHILE<条件表达式>DO

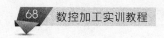

END

在 WHILE 后指定一个条件表达式，当指定条件满足时，则执行从 DO 到 END 之间的程序段，否则转到 END 之后的程序段。

③ 椭圆方程表达式。

椭圆的标准方程式：

$$\frac{X^2}{A^2}+\frac{Y^2}{B^2}=1$$

以椭圆初始角度♯1为主变量，进行轮廓拟合加工时的 X、Y 坐标（♯2和♯3）为从变量，根据椭圆方程知 X 的坐标♯2＝25＊COS(♯1)、Y 的坐标♯3＝40＊SIN(♯1)

④ 抛物线方程表达式。

抛物线方程 $X＝KY^2$，用变量 Y 表示 X：$X＝\sqrt{Y/K}$

（3）本任务用到的量具、工具。

① 游标卡尺。

② R 规。

【任务实施】<<←—

（1）数控铣床床操作见 3.1 任务。

（2）开机、回参考点见 3.1 任务。

（3）制定加工工艺。

① 采用平口钳装卡工件。

② 采用 ϕ12mm 铣刀进行椭圆型腔的粗、精加工。

③ 具体选用的刀具及加工工序见表 3-13、表 3-14。

表 3-13 刀具卡片

序号	刀具号	刀具名称	数量	加工表面	刀尖半径/mm
1	T01	ϕ12mm 铣刀	1	椭圆型腔	6

表 3-14 工序卡片

工步号	工步内容	刀具号	主轴转速/(r/min)	进给速度/(mm/r)	背吃刀量/mm
1	粗铣椭圆型腔	T01	800	100	2
2	精铣椭圆型腔	T01	1500	100	

（4）对刀操作。

采用中心对刀方式见 3.1 任务。

（5）程序编制（加工程序见表 3-15）。

表 3-15 加工程序

O0001	
G54G90M03S800	确定坐标系,主轴转速 800r/min
G00Z100	快速移动到安全点
T01	选择 1 号刀
M08	冷却液开
G00 X0 Y0 Z3	

O0001	
G01 Z-2 F30	
G10 L12 P1 R20	
M98 P0002	
G10 L12 P1 R17	
M98 P0002	
G10 L12 P1 R14	
M98 P0002	
G10 L12 P1 R11	
M98 P0002	
G10 L12 P1 R8	
M98 P0002	
G10 L12 P1 R4	
M98 P0002	
G00 Z50	
M05	
M30	

O0002	
G41 G01 X5 Y0 D01	
#1=0	
WHILE [#1LE360]DO1	
#2=25 * COS[#1]	
#3=40 * SIN[#1]	
G01 X[#2] Y[#3]	
#1=#1+0.1	
END1	
G40 G01 X5 Y0	
M99	

O0001	
G54 G90 G0 Z100	
M03 S800	
G00 X0 Y0	
G00 Z3	
G01 Z-2 F50	
#6=6	
#2=40-#6	
#3=25-#6	
N98 #1=0	
N99 #4=#2 * COS[#1]	
#5=#3 * SIN[#1]	
G01 X#4 Y#5 F200	
#1=#1+1	
IF [#1 LE360]GOTO99	
#2=#2-#6	
#3=#3-#6	
IF [#3GE#6]GOTO98	
G00 Z100	
M05	
M30	

（6）实际加工见 3.1 任务。

3.5　任务五　综合训练（思考选做）题

【复杂轮廓加工】 ‹‹‹←—

复杂轮廓零件如图 3-20 所示。

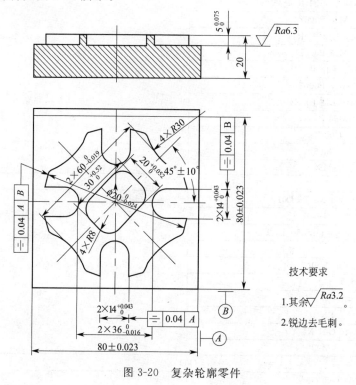

图 3-20　复杂轮廓零件

（1）加工要求。

毛坯为 82mm×82mm×25mm 板材，要求加工出如图 3-20 所示的外轮廓和型腔。工件材料为铝。

（2）步骤。

① 根据图纸要求，确定工艺方案及加工路线。

② 选用经济型数控铣床（或加工中心）。

③ 选择刀具。采用 ϕ12mm 的平底立铣刀，用于铣削上下表面及侧面，粗加工外轮廓及型腔，用 ϕ8mm 的平底立铣刀精加工外轮廓及型腔内轮廓，并把刀具的直径输入刀具参数表中。

④ 选择夹具。以底面定位，用虎钳装夹。

⑤ 确定切削用量。切削用量的具体数值应根据该机床性能、相关的手册并结合实际经验确定，见加工程序。

⑥ 确定工件坐标系和对刀点。在 XOY 平面内，确定以 O 点为工件原点，Z 方向以工件表面为工件原点，建立工件坐标系。

采用手动对刀方法把 O 点作为对刀点。

⑦ 编写程序。按该机床规定的指令代码和程序段格式，把加工零件的全部工艺过程编

写成程序清单。

⑧ 分析操作过程，写出实训报告（工艺分析，数控编程）。

【曲面加工】 <<<——

曲面零件如图 3-21 所示。

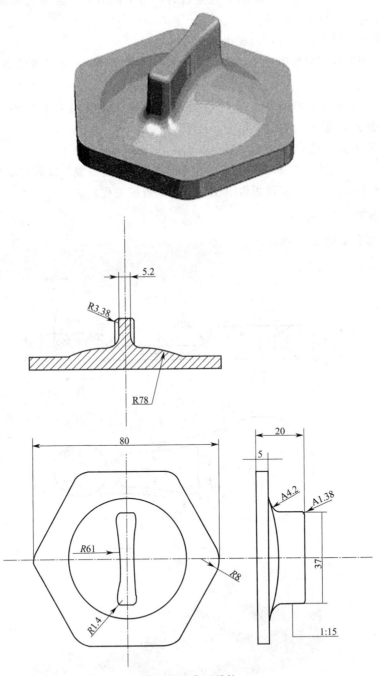

图 3-21　曲面零件

（1）加工要求。

毛坯为 82mm×82mm×75mm 板材，要求加工出如图 3-21 所示的外轮廓和凸模。工件材料为铝。

（2）步骤。

① 根据图纸要求，确定工艺方案及加工路线。

② 选用加工中心。

③ 选择刀具。先采用 φ12mm 的平底立铣刀，用于铣削上下表面及侧面，粗加工外轮廓，用 φ6mm 的球刀精加工凸模。

④ 选择夹具。以底面定位，用虎钳装夹。

⑤ 确定切削用量。切削用量的具体数值应根据该机床性能、相关的手册并结合实际经验确定，见加工程序。

⑥ 确定工件坐标系和对刀点。在 XOY 平面内，确定以 O 点为工件原点，Z 方向以工件表面为工件原点，建立工件坐标系。

采用手动对刀方法把 O 点作为对刀点。

⑦ 编写程序。采用自动编程，把加工零件的全部工艺过程编写成程序清单。

⑧ 分析操作过程，写出实训报告（工艺分析，数控编程）。

【连杆凸模加工】 <<<—

连杆凸模零件如图 3-22 所示。

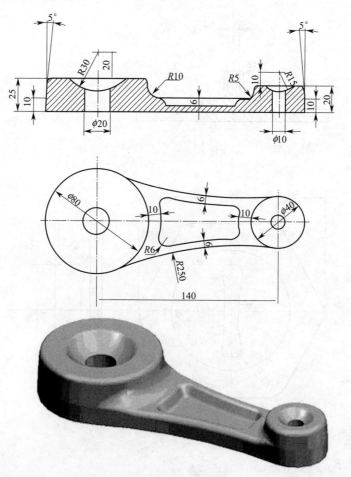

图 3-22　连杆凸模零件

（1）加工要求。

毛坯为 240mm×100mm×35mm 板材，要求加工出如图 3-22 所示的连杆凸模。工件材料为铝。

（2）步骤。

① 根据图纸要求，确定工艺方案及加工路线。

② 选用加工中心。

③ 选择刀具。先采用 ϕ10mm 的平底立铣刀粗加工凸模，用 ϕ6mm 的球头刀精加工凸模。

④ 选择夹具。以底面定位，用虎钳装夹。

⑤ 确定切削用量。切削用量的具体数值，应根据该机床性能、相关的手册并结合实际经验确定，见加工程序。

⑥ 确定工件坐标系和对刀点。在 XOY 平面内确定以 O 点为工件原点，Z 方向以工件表面为工件原点，建立工件坐标系。

采用手动对刀方法把 O 点作为对刀点。

⑦ 编写程序。采用自动编程，把加工零件的全部工艺过程编写成程序清单。

⑧ 分析操作过程，写出实训报告（工艺分析，数控编程）。

第4章

线切割实训项目

【内容提要与训练目标】<<←—

本章主要介绍线切割机床的结构、工作原理及编程加工，以本院数控加工车间现有线切割机床为例，实图讲解。

训练目标：

◇ 了解线切割机床的结构、特点。

◇ 掌握线切割机床的编程指令及编程方法。

◇ 掌握线切割机床的加工工艺及装卡方式。

4.1 任务一 凸模件加工

【任务描述】<<←—

（1）加工要求。

用3B代码编制加工图4-1所示的凸模线切割加工程序，已知电极丝直径为0.18mm，单边放电间隙为0.01mm，图中 O 为穿丝孔，拟采用的加工路线为 $O \rightarrow E \rightarrow D \rightarrow C \rightarrow B \rightarrow A \rightarrow E \rightarrow O$。

（2）步骤。

① 根据图纸要求，确定工艺方案及加工路线。

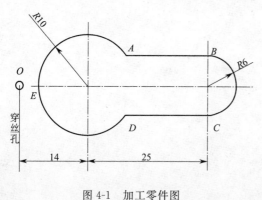

图4-1 加工零件图

② 选用数控线切割机床。

③ 安装钼丝。

④ 选择夹具。

以底面定位，用压板装夹。

⑤ 确定切削用量。

切削用量的具体数值应根据该机床性能、相关的手册并结合实际经验确定。

采用手动对刀方法把 O 点作为对刀点。

⑥ 编写程序。

采用3B代码，把加工零件的全部工艺过

程编写成程序清单。

⑦ 分析操作过程，写出实训报告。

【任务目标】 ‹‹‹←——

① 掌握线切割机床编程指令。

② 能够独立完成板材类零件的线切割编程与加工。

【相关知识】 ‹‹‹←——

控制柜结构见图 4-2。

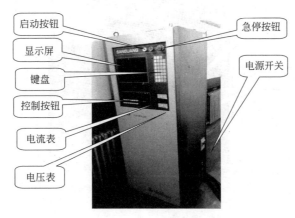

图 4-2　控制柜结构

① 线切割机床简介。

电火花线切割加工的基本原理是：利用移动的细金属导线（铜丝或钼丝）作电极，对工件进行脉冲火花放电、切割成形。

根据电极丝的运行速度，电火花线切割机床通常分为两大类：一类是高速走丝电火花线切割机床（WEDM-HS），这类机床的电极线作高速往复运动，一般走丝速度为 8～10m/s，这是我国生产和使用的主要机种，也是我独创的电火花线切割加工模式；另一类是低速走丝电火花切割机床（WEDM-LS），这类机床的电极丝作低速单向运动，一般走丝速度低于 0.2m/s，这是国外生产和使用的主要机种。

此外，电火花线切割机床按控制方式可分为：靠模仿控制、光电跟踪控制、数字程序控制等；按加工尺寸范围可分为：大、中、小型以及普通型与专用型等。目前，国内外 95％ 以上的线切割机床都已采用数控化，而且采用不同水平的微机数控系统，从单片机、单板机到微型计算机系统，有的还有自动编程功能。机床结构见图 4-3。

② 线切割机床的特点。

电火花线切割加工过程的工艺和机理，与电火花穿孔成形加工既有共性，又有特性。

a. 电火花线切割加工与电火花成形加工的共性表现。

● 线切割加工的电压、电流波形与电火花加工的基本相似。单个脉冲也有多种形式的放电状态，如开路、正常火花放电、短路等。

● 线切割加工的加工机理、生产率、表面粗糙度等工艺规律，材料的可加工性等也都与电火花加工的基本相似，可以加工硬质合金等一切导电材料。

b. 线切割加工相比于电火花加工的不同特点表现。

储丝筒

行程开关

急停按钮

冷却液开关

储丝筒开关

防护罩

丝架

手轮

床身

图 4-3 机床结构

● 由于电极工具是直径较小的细丝，故脉冲宽度、平均电流等不能太大，加工工艺参数的范围较小，属中、精正极性电火花加工，工件常接电源正极。

● 采用水或水基工作液，不会引燃起火，容易实现安全无人运转，但由于工作液的电阻率远比煤油小，因而在开路状态下，仍有明显的电解电流。电解效应稍有益于改善加工表面粗糙度。

● 一般没有稳定电弧放电状态。

● 电极与工件之间存在着"疏松接触"式轻压放电现象。

● 省掉了成形的工具电极，大大降低了成形工具电极的设计和制造费用，缩短了生产准备时间，加工周期短，这对新产品的试制是很有意义的。

● 由于电极丝比较细，可以加工微细异形孔、窄缝和复杂形状的工件。

● 由于采用移动的长电极丝进行加工，使单位长度电极丝的损耗较少，从而对加工精度的影响比较小，特别是在低速走丝线切割加工时，电极丝一次性使用，电极丝损耗对加工精度的影响更小。

电火花线切割加工有许多突出的长处，因而在国外发展都较快，已获得广泛的应用。

c. 线切割加工的应用范围。

线切割加工为新产品试制、精密零件加工及模具制造开辟了一条新的工艺途径，主要应用于以下几个方面。

● 加工模具，适用于各种形状的冲模。

● 加工电火花成形加工用的电极。

● 加工零件。

③ 线切割机床编程。

a. 程序格式。

我国快速走丝数控线切割机床采用统一的五指令 3B 程序格式，为：

$$BxByBJGZ$$

式中　B——分隔符；

　x，y——坐标值；

　　J——计数长度；

　　G——计数方向；

　　Z——加工指令。

b. 直线的编程。

- 把直线的起点作为坐标的原点。
- 把直线的终点坐标值作为 x，y，均取绝对值。
- 计数长度 J，按计数方向取该直线在 xy 轴投影图。
- 取此程序最后一步的轴向作为计数方向。
- 指令按走向和终点所在象限不同分为 $L(1)$、$L(2)$、$L(3)$、$L4$。

c. 圆弧的编程。

- 把圆弧的圆心作为坐标原点。
- 把圆弧的起点作为 xy，均取绝对值。
- 计数长度 J，按计数方向取该直线在 xy 轴投影图。
- 取与该圆弧终点走向较平行的轴向作为计数方向。
- 按进入象限分为 $R(1)$、$R(2)$、$R(3)$、$R4$。

【任务实施】<<<——

① 电极丝的选择与安装。

常用电极丝有钼丝、钨丝、黄铜丝和包芯丝等。

电极丝的直径应根据切缝宽窄、工件厚度和拐角尺寸大小来选择。若加工带尖角、窄缝的小型模具，宜选用较细的电极丝；若加工大厚度工件或大电流切割应选较粗的电极丝。

钨丝抗拉强度高，直径在 0.03～0.1mm 范围内，一般用于各种窄缝的精加工，但价格贵。

黄铜丝适合于慢速加工，加工表面粗糙度和平直度较好，蚀屑附着少，但抗拉强度差，损耗大，直径在 0.1～0.3mm 范围内，一般用于慢速单向走丝加工。

钼丝抗拉强度高，适于快速走丝加工，所以，我国快速走丝机床大都选用钼丝作电极丝，直径在 0.08～0.2mm 范围内。

电极丝装绕前，应当注意检查导轮与保持器，装绕时注意电极丝是否张紧，装绕路线是否正确。

② 穿丝与电极丝位置的调整。

电极丝应处于穿丝孔的中心，不可与孔壁接触，以免短路。

线切割加工之前，应将电极丝调整到切割的起始坐标位置上，其调整方法有以下几种。

a. 目测法。

对于加工要求较低的工件，直接利用目测进行观察。利用穿丝处划出十字基准线，根据两者的偏离情况移动工作台，当电极丝中心分别与纵、横方向基准线重合时，工作台纵、横方向上的读数就确定了电极丝中心的位置。

　　b. 火花法。

移动工作台使工件的基准面逐渐靠近电极丝，在出现火花的瞬时，记下工作台的相应坐标值，再根据放电间隙推算电极丝中心的坐标。

　　c. 自动找中心。

就是让电极丝在工件孔的中心自动定位。

　　③ 工件的准备。

由于数控线切割加工多为模具或零件加工的最后一道工序，因此工件多具有规则、精确的外形。若外形有与工作台平行并垂直于工作台台面的两个面，则它们可以作为校正基准面。外形为不垂直面时，在允许的条件下，可把加工工艺基准或已知的型孔作为校正基准。

　　④ 工件装夹。

　　a. 在夹紧零件毛坯前，必须校正电极丝与零件表面的垂直度。在装夹零件时，必须调整零件的基准面与机床拖板纵、横方向相平行，零件的装夹位置应保证工件的切割部位位于机床工作台纵、横方向进给的允许范围之内，避免超出界限。

　　b. 应考虑切割时电极丝运动空间。

　　c. 夹具应尽可能选择通用（或标准）件，便于装夹，便于协调工件和机床的尺寸关系。

　　d. 在加工大型模具时，要特别注意工件的定位方式，尤其在加工快结束时，工件的变形、重力的作用会使电极丝被夹住，造成断丝，影响加工。

　　⑤ 工件的找正。

工件的找正是使工件的定位基准面分别与机床的工作台台面和工作台的进给方向 X、Y 保持平行，以保证所切割的表面与基准面之间的位置精度。

常用的找正方法有以下几种。

　　a. 用百分表找正。

用磁力表架将百分表固定在丝架或其他位置上，往复移动工作台，按百分表指示值调整工件的位置，直至指针的偏摆范围达到所要求的数值。

　　b. 划线法找正。

利用固定在丝架上的划针对准工件上划出的基准线，往复移动工作台，目测划针与基准线间的偏离情况，将工件调整到正确位置。

　　⑥ 编制本任务程序（加工程序见表 4-1）。

表 4-1　加工程序

0100（程序名）	
B4000BB4000GXL1	OE 段
B10000B0B14000GYNR3	ED 段
B17000B0B17000GXL1	DC 段
B0B6000B12000GXNR4	CB 段
B17000B0B17000GXL3	BA 段
B8000B6000B14000GYNR1	AE 段
B4000B0B4000GXL3	EO 段

　　⑦ 实际加工。

4.2　任务二　凹模件加工

【任务描述】 <<<—

（1）加工要求。

请分别编制加工图 4-4 所示的线切割加工 3B 代码和 ISO 代码，已知线切割加工用的电极丝直径为 0.18mm，单边放电间隙为 0.01mm，O 点为穿丝孔，加工方向为 $O \rightarrow A \rightarrow B \rightarrow \cdots$。

（2）步骤。

① 根据图纸要求，确定工艺方案及加工路线。

② 选用数控线切割机床。

③ 安装钼丝。

④ 选择夹具。以底面定位，用压板装夹。

⑤ 确定切削用量。切削用量的具体数值应根据该机床性能、相关的手册并结合实际经验确定。

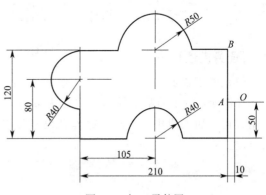

图 4-4　加工零件图

采用手动对刀方法把 O 点作为对刀点。

⑥ 编写程序。采用 3B 代码，把加工零件的全部工艺过程编写成程序清单。

⑦ 分析操作过程，写出实训报告。

【任务目标】 <<<—

◇ 熟练掌握线切割圆弧编程指令方法。

◇ 熟练掌握线切割机床的结构及操作方法。

【相关知识】 <<<—

（1）本任务需要用到的编程指令见 4.1 任务。

（2）具体工艺安排见 4.1 任务。

【任务实施】 <<<—

编制程序见表 4-2。

表 4-2　加工程序

0100（程序名）	
B10000BB4000GXL2	*OA* 段
B0B70000B70000GYL1	*AB* 段
B60000B0B60000GXL2	
B50000B0B100000GYNR1	
B50000B0B50000GXL2	
B0B40000B80000GXNR2	
B0B40000B40000GYL4	

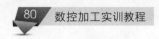
续表

0100（程序名）	
B60000B0B60000GXL1	
B40000B0B80000GYSR2	
B70000B0B70000GXL1	
B0B50000B50000GYL2	
B10000B0B10000GXL1	AO 段

4.3 任务三 孔类件加工

【任务描述】 ‹‹←—

（1）加工要求。

如图 4-5 所示的某零件图（单位为 mm），AB、AD 为设计基准，圆孔 E 已经加工好，现用线切割加工圆孔 F。假设穿丝孔已经钻好，请说明将电极丝定位于欲加工圆孔中心 F 的方法。

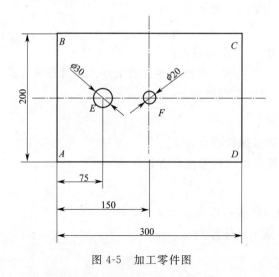

图 4-5 加工零件图

（2）步骤。

① 根据图纸要求，确定工艺方案及加工路线。

② 选用数控线切割机床。

③ 安装钼丝。

④ 选择夹具。以底面定位，用压板装夹。

⑤ 确定切削用量。切削用量的具体数值应根据该机床性能、相关的手册并结合实际经验确定。

采用手动对刀方法把 O 点作为对刀点。

⑥ 编写程序。采用 3B 代码，把加工零件的全部工艺过程编写成程序清单。

⑦ 分析操作过程，写出实训报告。

【任务目标】 <<<—

◇ 熟练掌握线切割圆弧编程指令方法。

◇ 熟练掌握线切割机床的使用。

【相关知识】 <<<—

(1) 本任务需要用到的编程指令见 4.1 任务。

(2) 具体工艺安排见 4.1 任务。

【任务实施】 <<<—

编制程序见表 4-3。

表 4-3　加工程序

0100（程序名）	
B10000BB10000GXL1	
B10000B0B200000GYNR1	
B10000B0B20000GYNR3	
B10000B0B10000GXL3	回到孔中心

附录

附录 1　本书二维码信息库

本书二维码信息库见附表 1-1。

附表 1-1　二维码信息库

编号	信息名称	信 息 简 介	二维码
M1-1	数控加工车间简介	数控加工车间建于 2007 年，总面积 220m²，由中央财政投资 260 万元、省财政投资 75 万元建成	
M1-2	设备非安全操作视频 1	机床周围障碍物一片，妨碍操作	
M1-3	设备非安全操作视频 2	两人或多人共同按操作面板，或一人装刀，另外一人主轴操作，会引发危险	
M1-4	设备非安全操作视频 3	刀柄槽与主轴锥孔上的键槽不对齐，误以为装好，没用手动旋转主轴及下拉刀柄检查是否装好	
M1-5	设备非安全操作视频 4	安装刀片时，固定螺栓没锁紧，刀片在刀杆上松动，加工中十分危险	

编号	信息名称	信息简介	二维码
M1-6	设备非安全操作视频 5	对刀过程中锁紧刀柄螺钉,易出现刀体下落的后果	
M1-7	设备非安全操作视频 6	工件没夹紧,加工中会出现工件飞出,造成严重后果	
M1-8	设备非安全操作视频 7	加工过程中,主轴旋转时测量工件,此动作的后果更是不可想象,要严禁,必须在程序停、主轴停后,方可进行零件尺寸的过程控制	
M1-9	设备非安全操作视频 8	加工过程中,操作者随意离开工作岗位,无法避免突发事故	
M1-10	设备非安全操作视频 9	刀柄上的拉钉没锁紧,有掉刀或加工中刀体的晃动和振动出现	
M1-11	设备非安全操作视频 10	加工中,用手接触刚刚铣削的刀尖和铁屑,导致烫伤皮肤	
M1-12	设备非安全操作视频 11	异物放在或不注意掉入排屑导轨,没有及时拿走导致排屑障碍	
M1-13	设备非安全操作视频 12	杂物放机床内或床身导轨上导致安全隐患	
M2-1	零件立体呈现	任务一外圆、端面零件加工	
M2-2	游标卡尺的使用	通过视频讲解,使学生掌握游标卡尺的使用方法	

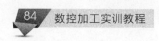

续表

编号	信息名称	信 息 简 介	二维码
M2-3	粗糙度样块的使用	表面粗糙度比较样块是通过视觉和触觉,以比较法来检查机械零件加工后表面粗糙度的一种工作量具。通过目测或放大镜与被测加工件进行比较,判断表面粗糙度级别	
M2-4	数控车床控制面板的介绍	通过视频讲解了解,数控车床操作面板的各功能按钮功能及使用	
M2-5	外圆车刀对刀操作	通过视频讲解更清晰地展现实际对刀过程,更直观地让学生掌握对刀技巧	
M2-6	任务二切槽、螺纹加工	通过视频,呈现被加工零件的图形,便于学生理解	
M2-7	螺纹千分尺的使用	通过视频讲解更好地理解和掌握千分尺的使用方法	
M2-8	任务三圆球面加工	通过视频,呈现被加工零件的图形	
M2-9	圆弧规的使用	通过视频讲解,让学生掌握圆弧规的使用方法	
M2-10	任务四内孔加工	通过视频,呈现被加工零件的图形	
M2-11	内孔车刀对刀操作	通过视频讲解,更好地帮助学生掌握内控车刀的对刀方法	
M2-12	任务五综合复杂件加工	通过视频,更好地呈现被加工零件的图形	

编号	信息名称	信息简介	二维码
M2-13	任务六宏程序编程加工	通过视频,更好地呈现被加工零件的图形	
M3-1	任务一平面轮廓加工	通过视频更直观地呈现被加工零件的图形	
M3-2	深度游标卡尺的使用	通过视频讲解,使学生掌握深度游标卡尺的使用方法	
M3-3	加工中心控制面板操作	通过视频讲解,让学生更好地掌握加工中心控制面板的操作功能	
M3-4	开机、回参考点操作	通过视频讲解,使学生掌握机床的开机及回参考点操作方法	
M3-5	数控铣床对刀操作	通过视频讲解,使学生掌握数控铣床的对刀操作技巧	
M3-6	任务二孔系零件加工	通过视频,更好地呈现被加工零件的图形	
M3-7	任务三型腔零件加工	通过视频,更好地呈现被加工零件的图形	
M3-8	任务四宏程序编程加工	通过视频,更好地呈现被加工零件的图形	

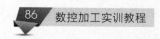

附录2　不同种类的数控系统操作简介

一、SIEMENS 802S 标准车床面板操作

SIEMENS 802S 标准车床面板见附图 2-1。

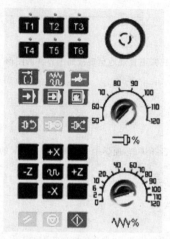

附图 2-1　SIEMENS 802S 车床操作面板

SIEMENS 802S 系统面板见附图 2-2。

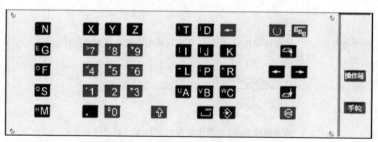

附图 2-2　SIEMENS 802S 系统面板

（一）面板简介

SIEMENS 802S 面板介绍见附表 2-1。

附表 2-1

按　钮	名　称	功能简介
	紧急停止	按下急停按钮,使机床移动立即停止,并且所有的输出如主轴的转动等都会关闭
	点动距离选择按钮	在单步或手轮方式下,用于选择移动距离
	手动方式	手动方式,连续移动
	回零方式	机床回零;机床必须首先执行回零操作,然后才可以运行
	自动方式	进入自动加工模式

续表

按　　钮	名　　称	功　能　简　介
	单段	当此按钮被按下时,运行程序时每次执行一条数控指令
	手动数据输(MDA)	单程序段执行模式
	主轴正转	按下此按钮,主轴开始正转
	主轴停止	按下此按钮,主轴停止转动
	主轴反转	按下此按钮,主轴开始反转
	快速按钮	在手动方式下,按下此按钮后,再按下移动按钮,则可以快速移动机床
+Z -Z +Y -Y +X -X	移动按钮	
	复位	按下此键,复位 CNC 系统,包括取消报警、主轴故障复位、中途退出自动操作循环和输入、输出过程等
	循环保持	程序运行暂停,在程序运行过程中,按下此按钮运行暂停。按 恢复运行
	运行开始	程序运行开始
	主轴倍率修调	将光标移至此旋钮上后,通过点击鼠标的左键或右键来调节主轴倍率
	进给倍率修调	调节数控程序自动运行时的进给速度倍率,调节范围为 0~120%。置光标于旋钮上,点击鼠标左键,旋钮逆时针转动,点击鼠标右键,旋钮顺时针转动
	报警应答键	
	上档键	对键上的两种功能进行转换。用上档键,当按下字符键时,该键上行的字符(除了光标键)就被输出

续表

按　钮	名　称	功　能　简　介
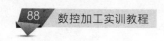	空格键	
	删除键(退格键)	自右向左删除字符
	回车/输入键	①接受一个编辑值。②打开、关闭一个文件目录。③打开文件
	加工操作区域键	按此键,进入机床操作区域
	选择转换键	一般用于单选、多选框

(二) 机床准备

1. 开启机床

检查急停按钮是否松开至 状态,若未松开,点击急停按钮 ,将其松开。

点击操作面板上的"复位"按钮 ,使得右上角的 003000 标志消失,此时机床完成加工前的准备。

2. 机床回参考点

检查操作面板上"手动"和"回原点"按钮是否处于按下状态 ,否则依次点击按钮 和 使其呈按下状态,此时机床进入回零模式,CRT 界面的状态栏上将显示"手动 REF"。

X 轴回零:按住操作面板上的 +X 按钮,直到 CRT 界面上的 X 轴回零灯亮,如附图 2-3 所示。

附图 2-3　　　　　　　　　　　　　附图 2-4

Z 轴回零:按住操作面板上的 +X 按钮,直到 CRT 界面上的 Z 轴回零灯亮。

点击操作面板上的"主轴正转"按钮 或"主轴反转"按钮 ,使主轴回零,此时 CRT 界面如附图 2-4 所示。

注:在坐标轴回零的过程中,还未到达零点按钮已松开,则机床不能再运动,CRT 界面上出现警告框 020005 ,此时再点击操作面板上的"复位"按钮 ,警告被取消,可继

续进行回零操作。

（三）对刀

数控程序一般按工件坐标系编程，对刀过程就是建立工件坐标系与机床坐标系之间对应关系的过程。常见的是将工件右端面中心点设为工件坐标系原点。

1. 单把刀具对刀

SIEMENS802S 提供了两种对刀方法：工件测量法和长度偏移法。下面分别进行介绍。

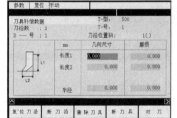

注：机床坐标系的选定影响着对刀时的计算方法，本系统提供了两种不同的机床坐标系设定办法：一种是以卡盘底面中心为机床坐标系原点；另一种是以刀具参考点为机床坐标系原点。用户可根据自己的需要选择适当的机床坐标系。下面介绍对刀方式时均采用卡盘中心为机床坐标原点。

附图 2-5

（1）工件测量法。

点击操作面板中 按钮，切换到手动状态，适当点击 -X +X，+Z -Z 按钮，使刀具移动到可切削零件的大致位置。

点击操作面板上 或 按钮，控制主轴的转动。

在如附图 2-5 所示界面下点击 ∧ 按钮回到上级界面。

依次点击软键 零点偏移、测量，弹出如附图 2-6 所示的"刀号"对话框。

使用系统面板输入当前刀具号（此处输入"1"），点击软键"确认"，进入如附图 2-7 所示的界面。

点击 -Z 按钮，用所选刀具试切工件外圆，点击 +Z 按钮，将刀具退至工件外部，点击操作面板上的 ，使主轴停止转动。

测量所车直径值，记为 X2，如附图 2-8 所示。将 -X2 填入到"零偏"对应的文本框中，并按下 键。

点击软键 计 算，此时 G54 中 X 的零偏位置已被设定完成。

附图 2-6

附图 2-7

点击软键 轴 +，进一步测量 Z 方向的零偏。

点击 +Z 按钮，将刀具移动到合适的位置，点击操作面板上 或 按钮，控制主轴的转动。

点击 -X 按钮试切工件端面，然后点击 +X 将刀具退出到工件外部；点击操作面板上的 ，使主轴停止转动。

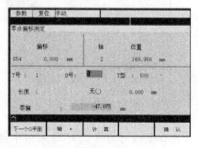

附图 2-8

（2）长度偏移法。

点击操作面板上的 按钮，进入手动状态；

填入到"零偏"对应的文本框中，并按下 键。

点击软键 计 算，此时 G54 中 X 的零偏位置已被设定完成。

点击软键 确 认，进入如下的界面，可以发现 G54 已经设置完成。

注：对其他的工件坐标系有类似的设定方法。使用软键 下一个G平面 可以选择 G54～G57。

在如附图 2-9 所示界面上依次点击软键 参 数 、 刀 具 补 偿 、按钮 > 、软键 对 刀 ，进入下界面，如附图 2-10 所示。

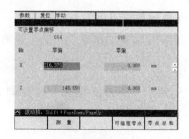

附图 2-9

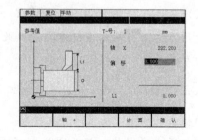

附图 2-10

类似前面的方法试切零件外圆，并测量被切的外圆的直径。

将所测得的直径值写入到偏移所对应的文本框中，按下 键。

依次点击软键 计 算 、 确 认 ，进入如下界面，如附图 2-11 所示。此时长度 1 被自动设置。

依次点击软键 对 刀 、 轴 + ，进一步测量长度 2。

类似于前面的方法试切端面。

在偏移所对应的文本框中输入 0，按下 键。

依次点击软键 计 算 、 确 认 ，进入如下界面，如附图 2-12 所示。长度 2 被自动设置。

2. 多把刀对刀

采用"长度偏移法"对多把刀进行对刀，对刀的方法与前述"1. 单把刀具对刀"中的方法基本相同，唯一的区别在于需要换刀，将指定刀具切换成当前刀具，具体步骤如下（假设需要将 3 号刀设成当前刀具）。

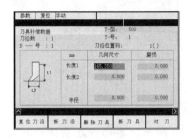

附图 2-11

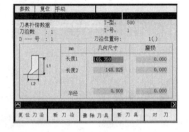

附图 2-12

在操作箱上点击 按钮，进入 MDA 方式，在如下界面中输入"T3D1"，按下 键；在操作箱上点击 按钮，执行指令，3 号刀将被设成当前刀具。

（四）设置参数

1. G54～G57 参数设置

依次点击按钮 、软键 参数 、 零点偏移 ，进入如附图 2-13 所示的界面。

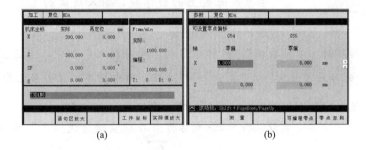

(a)　　　　　　　　(b)

附图 2-13

在系统面板上点击 + 或 + ，可以进行翻页，显示或修改 G54（G55）或 G56（G57）的内容。

点击按钮 可以退出本界面。

2. 刀具参数设置

依次点击按钮 ，软键 参数 、 刀具补偿 可以进入刀具参数设置界面，而点击按钮 可以退出本界面，如附图 2-14 所示。

可在此界面上输入刀具的长度参数，半径参数。

将光标移动到"刀沿位置码"上，点击 ，可以选择 1～9 的刀沿位置码。

在如附图 2-15 所示界面上，点击软键 复位刀沿 ，当前刀沿的数据将被清零。

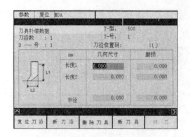 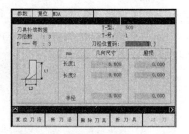

附图 2-14   附图 2-15

3. 设置 R 参数

依次点击按钮 ▣ 、软键 参 数 ，进入如附图 2-16 所示的界面：在系统面板上点击方位键 ，，，，在同一页上移动光标的位置，点击 ⬆ + / 可在不同页间切换。在光标停留处点击系统面板上的数字键，输入 R 参数的值，按 确认。

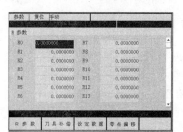

附图 2-16

4. 设定数据

在如附图 2-16 所示界面上点击软键 设定数据 。

在子菜单中按软键 "JOG 数据"，光标停留在 "JOG 数据" 栏中，点击系统面板上的方位键 ，，光标在 "Jog 进给率" / "主轴转速" 项中切换，在光标停留处，点击系统面板上的数字键，输入所需的 Jog 进给率或主轴转速，点击 确认。

在子菜单中按软键 "主轴数据"，光标停留在 "主轴数据" 栏中，点击系统面板上的方位键 ，，光标在 "最大" / "最小" / "编程" 项中切换，点击系统面板上的数字键，输入所需的主轴最大/最小/编程值，点击 确认。

在子菜单中按软键 "空运行进给率"，光标停留在 "空运行进给率" 栏中，点击系统面板上的数字键，输入所需的空运行进给率，点击 确认。

在子菜单中按软键 "开始角"，光标停留在 "开始角" 栏中，点击系统面板上的数字键，输入所需的开始角的值，点击 确认。

(五) 手动方式操作机床

1. 手动连续方式

点击操作面板上的手动按钮 ，使其呈按下状态 。

点击操作面板上的 +X 按钮，机床向 X 轴正向移动，点击 -X ，机床向 X 轴负方向移动，同理，点击 +Z ，-Z ，机床在 Z 轴方向移动，可以根据加工零件的需要，点击适当的按钮，移动机床。

点击操作面板上的 和 ，使主轴转动，点击 按钮，使主轴停止转动。

2. 手轮方式

点击操作面板上的手动按钮使其呈按下状态　。

选择适当的点动距离。初始状态下，点击　按钮，进给倍率为 0.001mm，再次点击进给倍率为 0.01mm，通过点击　按钮，进给倍率可在 0.001～1mm 之间切换。

（六）数控程序处理

1. 打开数控程序

选择一个用来加工的数控程序，点击操作面板上的"自动"按钮　，使其呈按下状态　。

在界面中点击系统面板上的方位键　，　，光标在数控程序名中移动。

在所要选择的数控程序名上，按软键**选　择**，数控程序被选中，可以用于自动加工。此时 CRT 界面右上方显示选中的数控程序名。

在界面中点击系统面板上的方位键　，　，光标在数控程序名中移动。

点击软键**打　开**，数控程序被打开，可以用于编辑，见附图 2-17。

新建一个数控程序：

点击软键**新 程 序**，弹出如附图 2-18 所示的"新程序"对话框。

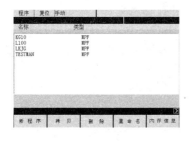

附图 2-17

附图 2-18

点击系统面板上的数字/字母键，在"请指定新程序名"栏中输入要新建的数控程序的程序名，按软键"确认"，将生成一个新的数控程序，进入程序编辑界面。

注：数控程序名需以 2 个英文字母开头，或以字母 L 开头，或跟不大于 7 位的数字。

删除一个数控程序：

在界面中点击系统面板上的方位键　，　，光标在数控程序名中移动。

点击软键"删除"，当前光标所在的数控程序被删除。

重命名：

在界面中点击系统面板上的方位键　，　，光标在数控程序名中移动。

点击软键"重命名"，弹出如附图 2-19 所示的"改换程序名"对话框；标题栏中显示的是当前光标所在的程序名。

点击系统面板上的数字/字母键，在"请指定新程序名"栏中，输入新的程序名，按软键"确认"。

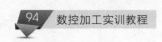

拷贝：

在界面中点击系统面板上的方位键 ⬆️，⬇️，光标在数控程序名中移动。

点击软键"拷贝"，弹出如附图 2-20 所示的"复制"对话框，标题栏中显示的是当前光标所在的程序名。

附图 2-19   附图 2-20

点击系统面板上的数字/字母键，在"请指定新程序名"栏中输入复制的目标文件名，按软键"确认"。

2. 编辑数控程序

进入编辑状态：

在界面中点击系统面板上的方位键 ⬆️，⬇️，光标在数控程序名中移动。

点击软键"打开"，系统将打开当前光标所在位置的程序，进入编辑状态，见附图 2-21。

附图 2-21

插入字符：

将光标移动到所需插入字符的后一位置处，点击光标输入所需插入的字符，字符被插在光标前面。

删除字符：

将光标移动到所需删除字符的后一位置处，点击系统面板上的 ⬅️ 按钮，可将字符删除。

块操作：

定义块：

在界面中，点击软键"编辑"，进入如下界面。

将光标移动到需要设置成块的开头或结尾处，点击软键"标记"，此字符处光标由红色变为黑色，点击⬇️或➡️，将光标向后移动，则起始的字符定义为块头，结束处的字符定义为块尾；点击⬆️或⬅️，将光标向前移动，则起始的字符定义为块尾，结束处的字符定义为块头。块头和块尾之间的部分被定义为块，可进行整体的块操作。

块复制：

块定义完成后，按软键"拷贝"，则整个块被复制。

块粘贴：

块复制完成后，将光标移动到需要粘贴块的位置，按软键"粘贴"，整个块被粘贴在光标处。

删除块：

块定义完成后，按软键"删除"，则整个块被删除。

插入固定循环等：

在界面中，将光标移动到需要插入固定循环等特殊语句的位置，点击系统面板上的

按钮，弹出如附图 2-22 所示的列表。

点击系统面板上的方位键 和 ，选择需要插入的

特殊语句的种类，点击 确认。

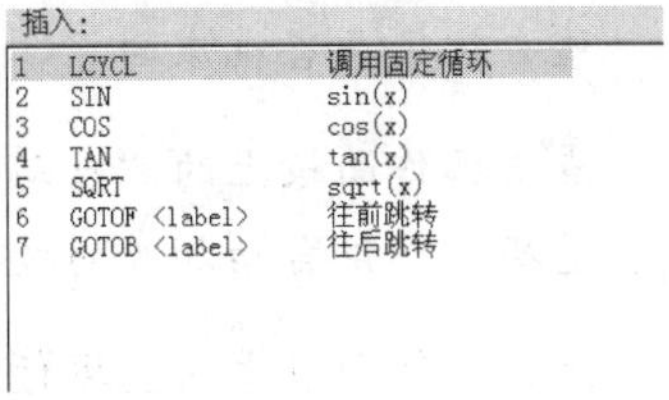

若选择"LCYCL"，则弹出如附图 2-23 所示的下级

列表。

点击系统面板上的方位键 和 ，选择需要插入的

固定循环的语句，点击 确认。则进入如附图 2-24 所示的

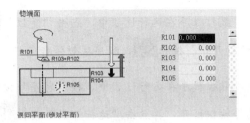

附图 2-22

该语句参数设置界面。完成参数设置后，按软键"确认"，该语句被插入指定位置。

```
LCYC82
LCYC83
LCYC85
LCYC840
LCYC93
LCYC94
LCYC95
LCYC97
```

附图 2-23

附图 2-24

注：界面右侧为可设定的参数栏，点击系统面板上的方位键 和 ，使光标在各参

数栏中移动，输入参数后，点击 确认。

若选择其他特殊语句，语句自动被插入在指定位置，可在编辑界面再进行修改。

分配软键：

在界面中，点击扩展按钮 > ，进入如下界面：

点击软键"分配软键"，进入如附图 2-25 所示的"分配软键"界面。

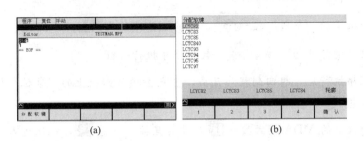

(a)   (b)

附图 2-25

列表中显示的是可供分配的软键名。（均为固定循环）界面下半部分显示的是现有的软

键分配情况。如希望将"LCYC840"作为第一个软键，则在列表中点击系统面板上的方位

键 和 ，使光标停留在"LCYC840"上，按软键"1"，即完成设置。完成所有的设置

后按软键"确认"。

（七）自动加工

1. 自动/连续方式

自动加工流程：

检查机床是否机床回零，若未回零，先将机床回零。

点击操作面板上的"自动模式"按钮 ⏩，使其呈按下状态 ⏩，机床进入自动加工模式。选择一个供自动加工的数控程序。

点击操作面板上的"运行开始"按钮 ◈。

中断运行：

数控程序在运行过程中可根据需要暂停、停止、急停和重新运行。

数控程序在运行过程中，点击"循环保持"按钮 ◉，程序暂停运行，机床保持暂停运行时的状态。再次点击"运行开始"按钮 ◈，程序从暂停行开始继续运行。

数控程序在运行过程中，点击"复位" ↙ 按钮，程序停止运行，机床停止，再次点击"运行开始"按钮 ◈，程序从暂停行开始继续运行。

数控程序在运行过程中，按"急停"按钮 ◉，数控程序中断运行，继续运行时，先将急停按钮松开，再点击"运行开始"按钮 ◈，余下的数控程序从中断行开始作为一个独立的程序执行。

注：在自动加工时，如果点击 🌀 切换机床进入手动模式，将出现警告框 016913 ⊜，点击系统面板上的 ⊜ 可取消警告，继续操作。

2. 自动/单段方式

检查机床是否回零，若未回零，先将机床回零。

点击操作面板上的"自动模式"按钮 ⏩，使其呈按下状态 ⏩，机床进入自动加工模式。

选择一个供自动加工的数控程序。

点击操作面板上的"单段"按钮 ▣，使其呈按下状态 ▣。

每点击一次"运行开始"按钮 ◈，数控程序执行一行。

注：数控程序执行后，想回到程序开头，可点击操作面板上的"复位"按钮 ↙。

（八）MDA 模式

点击操作面板上的 MDA 模式按钮 ▣，使其呈按下状态 ▣，机床进入 MDA 模式，此时 CRT 界面出现 MDA 程序编辑窗口。

用系统面板输入指令（操作类似于数控程序处理）输入完一段程序后，点击操作面板上的"运行开始"按钮 ◈，运行程序。

二、FANUC 0I 北京第一机床厂铣床面板操作

FANUC 0I 北京第一机床厂铣床操作面板见附图 2-26。

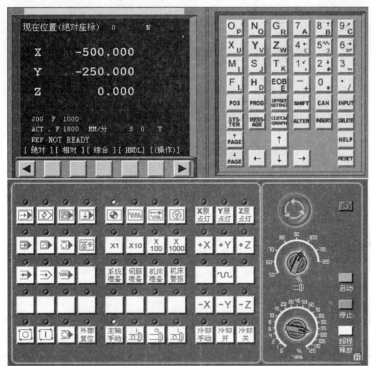

附图 2-26

面板按钮说明见附表 2-2。

附表 2-2

按钮	名称	功能说明
	自动运行	此按钮被按下后,系统进入自动加工模式
	编辑	此按钮被按下后,系统进入程序编辑状态
	MDI	此按钮被按下后,系统进入 MDI 模式,手动输入并执行指令
	远程执行	此按钮被按下后,系统进入远程执行模式(DNC 模式),输入输出资料
	单节	此按钮被按下后,运行程序时每次执行一条数控指令
	单节忽略	此按钮被按下后,数控程序中的注释符号"/"有效
	选择性停止	点击该按钮,"M01"代码有效
	机械锁定	锁定机床
	试运行	空运行
	进给保持	程序运行暂停,在程序运行过程中,按下此按钮运行暂停。按"循环启动" 恢复运行
	循环启动	程序运行开始,系统处于自动运行或"MDI"位置时按下有效,其余模式下使用无效

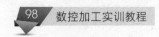

续表

按钮	名称	功能说明
	循环停止	程序运行停止,在数控程序运行中,按下此按钮停止程序运行
外部复位	外部复位	在程序运行中,点击该按钮将使程序运行停止。在机床运行超程时,若"超程释放"按钮不起作用,可使用该按钮使系统释放
	回原点	点击该按钮,系统处于回原点模式
	手动	机床处于手动模式,连续移动
	增量进给	机床处于手动、点动移动
	手动脉冲	机床处于手轮控制模式
X1　X10　X100　X1000	手动增量步长选择按钮	手动时,通过点击按钮来调节手动步长。X1、X10、X100分别代表移动量为0.001mm、0.01mm、0.1mm
主轴手动	主轴手动	点击该按钮,将允许手动控制主轴
	主轴控制按钮	从左至右分别为:正转、停止、反转
+X	X 正方向	在手动时,控制主轴向 X 正方向移动
+Y	Y 正方向	在手动时,控制主轴向 Y 正方向移动
+Z	Z 正方向	在手动时,控制主轴向 Z 正方向移动
-X	X 负方向	在手动时,控制主轴向 X 负方向移动
-Y	Y 负方向	在手动时,控制主轴向 Y 负方向移动
-Z	Z 负方向	在手动时,控制主轴向 Z 负方向移动
	主轴倍率选择旋钮	将光标移至此旋钮上后,通过点击鼠标的左键或右键来调节主轴旋转倍率
	进给倍率	调节运行时的进给速度倍率
	急停按钮	按下急停按钮,使机床移动立即停止,并且所有的输(如主轴的转动等)都会关闭
超程释放	超程释放	系统超程释放
H	手轮显示按钮	按下此按钮,则可以显示出手轮
	手轮面板	点击 H 按钮将显示手轮面板。再点击手轮面板上右下角的 H 按钮,又可将手轮隐藏

按钮	名称	功能说明
	手轮轴选择旋钮	在手轮状态下,将光标移至此旋钮上后,通过点击鼠标的左键或右键来选择进给轴
	手轮进给倍率选择旋钮	在手轮状态下,将光标移至此旋钮上后,通过点击鼠标的左键或右键来调节点动/手轮步长。X1、X10、X100 分别代表移动量为 0.001mm、0.01mm、0.1mm
	手轮	将光标移至此旋钮上后,通过点击鼠标的左键或右键来转动手轮
	启动	启动控制系统
	关闭	关闭控制系统

三、FANUC 0 友嘉立式加工中心面板操作

FANUC 0 友嘉立式加工中心操作面板见附图 2-27。

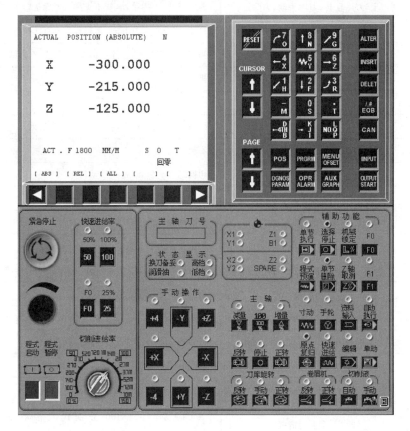

附图 2-27　FANUC 0 友嘉立式加工中心

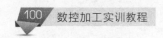

面板说明见附表 2-3。

附表 2-3

按键	名称	功能
	紧急停止	紧急停止
F0 25 50 100	倍率禁止	倍率禁止时调节快速倍率、进给倍率、手动速度、主轴倍率将无效
	程式启动	在自动或 MDI 模式下,程序运行开始
	程式暂停	程序运行暂停,在程序运行过程中,按下此按钮运行暂停,再按循环启动从暂停的位置开始执行
	切削进给率	将光标移至此旋钮上后,通过点击鼠标的左键或右键来调节切削进给率
+X -X +Y -Y +Z -Z	+X/−X/+Y/−Y/+Z/−Z	+X/−X/+Y/−Y/+Z/−Z 方向移动
	主轴减速、主轴 100%、主轴增速	每按一次 主轴转速减少 10%,每按一次 主轴转速增加 10%,按 主轴转速恢复为 100%
	主轴正转、反转、停止	主轴正转、反转、停止
	刀库反转、刀库手动、刀库正转	刀库反转、刀库手动(暂不支持)、刀库正转
	单节执行	单段,将此按钮打开时,运行程序时每次执行一条数控指令
	选择停止	当此按钮打开时,程序中的"M01"代码有效
	机械锁定	机床锁定
	程式预演	空运行
	单节删除	跳段,当此按钮打开时,程序中的"/"有效
	Z 轴取消	Z 轴锁定
	寸动	切换到手动模式,连续移动机床
	手轮	切换到手轮模式
	资料输入	切换到资料输入(DNC)模式
	自动执行	切换到自动加工模式
	原点复位	切换到回原点方式,机床必须首先执行回零操作,然后才可以运行
	快速进给	切换到手动快速进给
	编辑	切换到编辑模式,用于直接通过操作面板输入数控程序和编辑程序
	单动	切换到 MDI 模式,手动输入指令并执行
	打开手轮界面	打开手轮界面
	手轮轴旋钮	选择手轮轴
	手轮倍率	X(1)X(10)X100 分别代表移动量为 0.001mm、0.01mm、0.1mm
	手轮	将光标移至此旋钮上后,通过点击鼠标的左键或右键来转动手轮

四、SIEMENS 802D 铣床面板操作

SIEMENS 802D 铣床操作面板见附图 2-28。

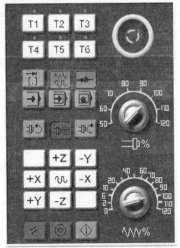

附图 2-28　SIEMENS 802D 铣床操作面板

SIEMENS 802D 系统面板见附图 2-29。

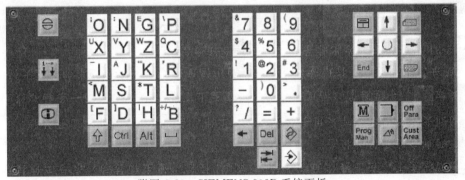

附图 2-29　SIEMENS 802D 系统面板

(一) 面板简介

SIEMENS 802D 面板介绍见附表 2-4。

附表 2-4

按钮	名称	功能简介
	紧急停止	按下急停按钮,使机床移动立即停止,并且所有的输出(如主轴的转动等)都会关闭
	点动距离选择按钮	在单步或手轮方式下,用于选择移动距离
	手动方式	手动方式,连续移动
	回零方式	机床回零;机床必须首先执行回零操作,然后才可以运行
	自动方式	进入自动加工模式

续表

按钮	名称	功能简介
	单段	当此按钮被按下时,运行程序时每次执行一条数控指令
	手动数据输入(MDA)	单程序段执行模式
	主轴正转	按下此按钮,主轴开始正转
	主轴停止	按下此按钮,主轴停止转动
	主轴反转	按下此按钮,主轴开始反转
	快速按钮	在手动方式下,按下此按钮后,再按下移动按钮,则可以快速移动机床
+Z -Z +Y -Y +X -X	移动按钮	
	复位	按下此键,复位 CNC 系统,包括取消报警、主轴故障复位、中途退出自动操作循环和输入、输出过程等
	循环保持	程序运行暂停,在程序运行过程中,按下此按钮运行暂停。按 恢复运行
	运行开始	程序运行开始
	主轴倍率修调	将光标移至此旋钮上后,通过点击鼠标的左键或右键来调节主轴倍率
	进给倍率修调	调节数控程序自动运行时的进给速度倍率,调节范围为 0～120%。置光标于旋钮上,点击鼠标左键,旋钮逆时针转动,点击鼠标右键,旋钮顺时针转动
	报警应答键	
	通道转换键	
	信息键	
	上档键	对键上的两种功能进行转换。用了上档键,当按下字符键时,该键上行的字符(除了光标键)就被输出
	空格键	
	删除键(退格键)	自右向左删除字符
Del	删除键	自左向右删除字符

按钮	名称	功能简介
	取消键	
	制表键	
	回车/输入键	①接受一个编辑值。②打开、关闭一个文件目录。③打开文件
	翻页键	
M	加工操作区域键	按此键,进入机床操作区域
	程序操作区域键	
Off Para	参数操作区域键	按此键,进入参数操作区域
Prog Man	程序管理操作区域键	按此键,进入程序管理操作区域
	报警/系统操作区域键	
	选择转换键	一般用于单选、多选框

(二) 机床准备

1. 开启机床

检查急停按钮是否松开至 状态,若未松开,点击急停按钮 ,将其松开。

2. 机床回参考点

(1) 进入回参考点模式。

系统启动之后,机床将自动处于"回参考点"模式。

在其他模式下,依次点击按钮 和 进入"回参考点"模式。

(2) 回参考点操作步骤。

Z 轴回参考点:

点击按钮 +Z ,Z 轴将回到参考点,回到参考点之后,Z 轴的回零灯将从 变为 。

X 轴回参考点:

点击按钮 +X ,X 轴将回到参考点,回到参考点之后,X 轴的回零灯将从 变为 。

Y 轴回参考点

点击按钮 +Y ,Y 轴将回到参考点,回到参考点之后,Y 轴的回零灯将从 变为 。

(三) 对刀

数控程序一般按工件坐标系编程,对刀的过程就是建立工件坐标系与机床坐标系之间的关系的过程。常见的是将工件上表面中心点(铣床及加工中心)、工件端面中心点(车床)设为工件坐标系原点。

1. X、Y 轴对刀

寻边器：

寻边器由固定端和测量端两部分组成。固定端由刀具夹头夹持在机床主轴上，中心线与主轴轴线重合。在测量时，主轴以 $400\sim600r/min$ 旋转。通过手动方式，使寻边器向工件基准面移动靠近，让测量端接触基准面。在测量端未接触工件时，固定端与测量端的中心线不重合，两者呈偏心状态。当测量端与工件接触后，偏心距减小，这时使用点动方式或手轮方式微调进给，寻边器继续向工件移动，偏心距逐渐减小。当测量端和固定端的中心线重合的瞬间，测量端会明显的偏出，出现明显的偏心状态。这时主轴中心位置距离工件基准面的距离等于测量端的半径。

X 轴方向对刀：

点击操作面板中的按钮 进入"手动"方式。

在手动状态下，点击操作面板上的 或 按钮，使主轴转动。未与工件接触时，寻边器上下两部分处于偏心状态。

移动到大致位置后，可采用手轮方式移动工件，点击 手轮，将 置于 X 挡，调节手轮移动量旋钮 。寻边器偏心幅度逐渐减小，直至上下半截几乎处于同一条轴心线上，如附图 2-30 所示，若此时再进行增量或手动方式的小幅度进给，寻边器下半部突然大幅度偏移，如附 图 2-31 所示。即认为此时寻边器与工件恰好吻合。

附图 2-30 附图 2-31

将工件坐标系原点到 X 方向基准边的距离记为 X_2；将基准工具直径记为 X_4，将 $X_2+X_4/2$ 记为 DX。

点击软键 ，进入"工件测量"界面，如附图 2-32 所示。

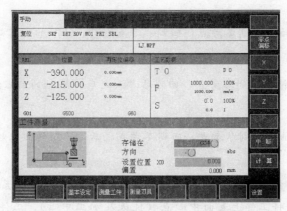

附图 2-32

点击光标键 ↑ 或 ↓，使光标停留在"存储在"栏中，如附图 2-33 所示。

在系统面板上点击 ○ 按钮，选择用来保存工件坐标系原点的位置（此处选择了 G54），如附图 2-34 所示。

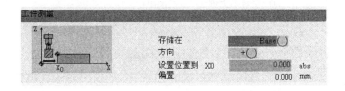

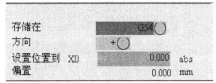

附图 2-33   附图 2-34

点击 ↓ 按钮，将光标移动到"方向"栏中，并通过点击 ○ 按钮，选择方向（此处应该选择"—"）。

点击 ↓ 按钮，将光标移至"设置位置到X0"栏中，并在"设置位置X0"文本框中输入 DX 的值，并按下 ◈ 键。

点击软键 计 算 ⬜，系统将会计算出工件坐标系原点的 X 分量在机床坐标系中的坐标值，并将此数据保存到参数表中。

Y 方向对刀采用同样的方法。

2. Z 轴对刀

铣、加工中心对 Z 轴对刀时采用的是实际加工时所要使用的刀具，用量块检查。

点击软键 测量工件，进入"工件测量"界面，点击软键 Z ，进行如下操作：在系统面板上，使用 ○ 选择用来保存工件坐标原点的位置（此处选择了 G54），使用 ↓ 移动光标，在"设置位置 Z0"文本框中输入量块厚度，并按下 ◈ 键。

点击软键"计算"，就能得到工件坐标系原点的 Z 分量在机床坐标系中的坐标，此数据将被自动记录到参数表中。

（四）设定参数

1. 设置运行程序时的控制参数

（1）使用程序控制机床运行，已经选择好了运行的程序，参考选择待执行的程序。

（2）按下控制面板上的自动方式键 ⊡，若 CRT 当前界面为加工操作区，则系统显示出如附图 2-35 所示的界面。

（3）软键"程序顺序"可以切换段的 7 行和 3 行显示。

（4）软键"程序控制"可设置程序运行的控制选项，如附图 2-36 所示。

按软键 返 回 ⬜ 返回前一界面。竖排软键对应的状态说明如附表 2-5 所示。

附表 2-5　程序控制中状态说明

软键	显示	说明
程序测试	PRT	在程序测试方式下,所有到进给轴和主轴的给定值被禁止输出,机床不动,但显示运行数据
空运行进给	DRY	进给轴以空运行设定数据中的设定参数运行,执行空运行进给时编程指令无效
有条件停止	M01	程序在执行到有 M01 指令的程序时停止运行
跳过	SKP	前面有斜线标志的程序在程序运行时跳过不予执行(如:/N100G…)
单一程序段	SBL	此功能生效时,零件程序按如下方式逐段运行:每个程序段逐段解码,在程序段结束时有一暂停,但在没有空运行进给的螺纹程序段时为一例外,在只有螺纹程序段运行结束后才会产生一暂停。单段功能中有处于程序复位状态时才可以选择
ROV 有效	ROV	按快速修调键,修调开关对于快速进给也生效

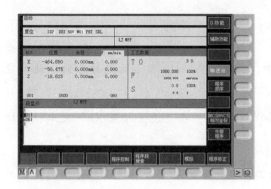

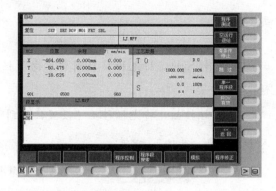

附图 2-35　　　　　　　　　　　　　　　　　附图 2-36

程序执行完毕或按复位键中断加工程序,再按启动键则从头开始。

2. 零偏数据功能

(1) 基本设定。

在相对坐标系中设定临时参考点（相对坐标系的基本零偏）。

进入"基本设定"界面:

① 按 [图] 键切换到手动方式或按 [图] 键切换到 MDA 方式下。

② 按软键"基本设定",系统进入如附图 2-37 所示的界面。

设置基本零偏的方式:

设置基本零偏有两种方式:"设置关系"软键被按下的方式;"设置关系"没有被按下的方式。

当"设置关系"软键没有被按下时,文本框中的数据表示相对坐标系的原点在相对坐标系中的坐标。例如:当前机床位置在机床坐标系中的坐标为:$X=0$,$Y=0$,$Z=0$。基本设定界面中文本框的内容分别为:$X=-390$,$Y=-215$,$Z=-125$。则此时机床位置在相对坐标系中的坐标为 $X=390$,$Y=215$,$Z=125$。

当"设置关系"软键被按下时,文本框中的数据表示当前位置在相对坐标系中的坐标。例如:文本框中的数据为 $X=-390$,$Y=-215$,$Z=-125$,则此时机床位置在相对坐标系中的坐标为 $X=-390$,$Y=-215$,$Z=-125$。

基本设定的操作方法:

直接在文本框中输入数据:

使用软键 [X=0] [Y=0] [Z=0],将对应文本框中的数据设成零。

使用软键 X=Y=Z=0，将所有文本框中的数据设成零。

使用软键 删除 基本零偏，用机床坐标系原点来设置相对坐标系原点。

（2）输入和修改零偏值。

① 若当前不是在参数操作区，按 MDI 键盘上的"参数操作区域键" OFF ，切换到参数区。

② 若参数区显示的不是零偏界面，按软键"零点偏移"切换到零点偏移界面，如附图 2-38 所示。

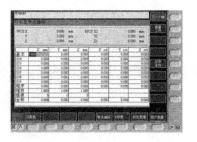

附图 2-37   附图 2-38

③ 使用 MDI 键盘上的光标键定位到修改的数据的文本框上（其中程序、缩放、镜像和全部等几栏为只读），输入数值，按 INPUT 键 或移动光标，系统将显示软键"改变有效" 改变 有效，此时输入的新数据还没有生效（在程序实现时，可以使软键"改变有效"始终处于显示状态）。

④ 按软键"改变有效"使新数据生效。

3. 编程设定数据

设置与机床运行和程序控制相关的数据：

（1）若当前不是在参数操作区，按 MDI 键盘上的"参数操作区域键" OFF ，切换到参数区。

（2）若参数区显示的不是设定数据界面，按软键"设定数据"切换到设定数据界面。

（3）移动光标到输入位置并输入数据。

（4）按输入键 或移动光标到其他位置来确定输入。

注：附图 2-39 中的参数说明。

（1）JOG 进给率。

在 JOG 状态下的进给率。

如果该进给率为零，则系统使用机床数据中存储的数值。

（2）主轴。

主轴转速。

（3）最小值/最大值。

对主轴转速的限制只可以在机床数据所规定的范围内进行。

（4）可编程主轴极限值。

在恒定切削速度（G96）时，可编程的最大速度（LIMS）。

（5）空运行进给率。

在自动方式中，若选择空运行进给功能，则程序不按编程的进给率执行，而是执行在此输入的进给率。

（6）螺纹切削开始角（SF）。

在加工螺纹时，主轴有一起始位置作为开始角，当重复进行该加工过程时，就可以通过改变此开始角切削多头螺纹。

注：此界面中其他软键不做处理。

4. R 参数

"R 参数"窗口中列出了系统中所用到的所有 R 参数，需要时可以修改这些参数，若当前不是在参数操作区，按"参数操作区域键" OFF 和按软键"R 参数"进入 R 参数修改界面，如附图 2-40 所示，利用 ↑ ↓ → ← 或翻页键 □ □ 移动要输入的位置，按"数字键"输入数据，然后按输入键 ◇ 或移动光标到其他位置来确认输入。也可利用"搜索"软键，输入要搜索的 R 参数的索引号，按"确认"或输入键进行确认查找 R 参数。

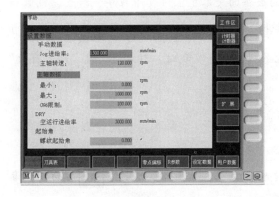

附图 2-39

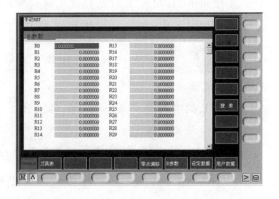

附图 2-40

注：R 参数从 R0～R299 共有 300 个。

输入数据范围为±0.0000001～99999999。

若输入数据超过范围，自动设置为允许的最大值。

（五）自动加工

1. 自动/连续方式。

（1）自动加工流程。

① 查机床是否机床回零。若未回零，先将机床回零。

② 使用程序控制机床运行，已经选择好了运行的程序，参考选择待执行的程序。

③ 按下控制面板上的自动方式键 ⊡ ，在左上角显示当前操作模式（自动）。

④ 按启动键 ◇ 开始执行程序。

⑤ 程序执行完毕。或按复位键中断加工程序，再按启动键则从头开始。

（2）中断运行。

数控程序在运行过程中可根据需要暂停、停止、急停和重新运行。

数控程序在运行过程中，点击"循环保持"按钮 ，程序暂停运行，机床保持暂停运行时的状态。再次点击"运行开始"按钮 ，程序从暂停行开始继续运行。

数控程序在运行过程中，点击"复位" 按钮，程序停止运行，机床停止，再次点击"运行开始"按钮 ，程序从暂停行开始继续运行。

数控程序在运行过程中，按"急停"按钮 ，数控程序中断运行，继续运行时，先将急停按钮松开，再点击"运行开始"按钮 ，余下的数控程序从中断行开始作为一个独立的程序执行。

2. 自动/单段方式

（1）检查机床是否机床回零。若未回零，先将机床回零。

（2）选择一个供自动加工的数控程序（主程序和子程序需分别选择）。

（3）点击操作面板上的 按钮，使其指示灯变亮，机床进入自动加工模式。

（4）点击操作面板上的 按钮，使其指示灯变亮。

（5）每点击一次"运行开始"按钮 ，数控程序执行一行，可以通过主轴倍率旋钮 和进给倍率旋钮 来调节主轴旋转的速度和移动的速度。

注：数控程序执行后，要想回到程序开头，可点击操作面板上的"复位"按钮 。

（六）机床操作的一些其他功能

1. 坐标系切换

用此功能可以改变当前显示的坐标系。当前界面不是"加工"操作区，按"加工操作区域键" ，切换到加工操作区。

切换机床坐标系，按软键 MCS/WCS 相对坐标 ，系统出现如附图 2-41 的界面。

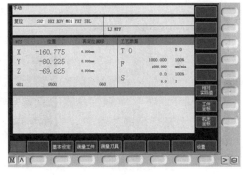

附图 2-41

点击软键 相对 实际值 ，可切换到相对坐标系。

点击软键 工件 坐标 ，可切换到工件坐标系。

点击软键 机床 坐标 ，可切换到机床坐标系。

2. 手轮

在手动/连续加工或在对刀、需精确调节机床时，可用手动脉冲方式调节机床。

若当前界面不是"加工"操作区，按"加工操作区域键" ，切换到加工操作区。

点击 进入手动方式，点击 设置手轮进给速率（1 INC，10 INC，100 INC，1000 INC），点击软键 **手轮方式**，用软键 X 或 Z 可以选择当前需要用手轮操作的轴。

在系统面板的右边点击 手轮 按钮，打开手轮。

鼠标对准手轮，点击鼠标左键或右键，精确控制机床的移动。

点击  ，可隐藏手轮。

3. MDA 方式

（1）按下控制面板上键，机床切换到 MDA 运行方式，则系统显示如附图 2-42 所示，图中左上角显示当前操作模式"MDA"。

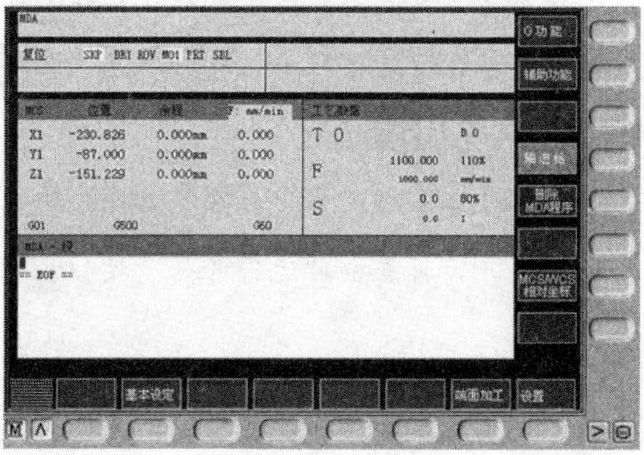

（2）用系统面板输入指令。

（3）输入完一段程序后，将光标定位到程序头，点击操作面板上的"运行开始"按钮，运行程序。程序执行完自动结束，或按停止键，中止程序运行。

注：在程序启动后，不可以再对程序进行编辑，只有在"停止"和"复位"状态下，才能编辑。

附图 2-42

（七）数控程序处理

1. 新建一个数控程序

（1）在系统面板上按下，进入程序管理界面，如附图 2-43 所示。

按下新程序键，则弹出对话框，如附图 2-44 所示。

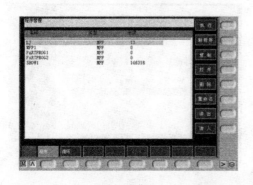

附图 2-43

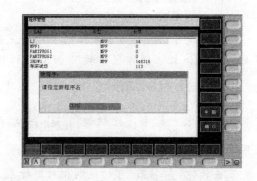

附图 2-44

（2）输入程序名，若没有扩展名，自动添加".MPF"为扩展名，而子程序扩展名".SPF"需随文件名一起输入。

（3）按"确认"键，生成新程序文件，并进入编辑界面。

（4）若按软键"中断"，将关闭此对话框，并回到程序管理主界面。

注：输入新程序名时，必须遵循以下原则。

① 开始的两个符号必须是字母。

② 其后的符号可以是字母，数字或下划线。

③ 最多为 16 个字符。

④ 不得使用分隔符。

2. 选择待执行的程序

（1）在系统面板上按"程序管理器"（Program manager）键，系统将进入如附图 2-45 所示的界面，显示已有程序列表。

（2）用光标键 ↑ ↓ 移动选择条，在目录中选择要执行的程序，按软键"执行"，选择的程序将被作为运行程序，在 POSITION 域中右上角将显示此程序的名称，见附图 2-46 。

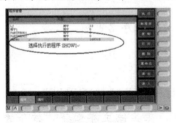

附图 2-45

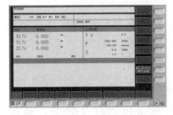

附图 2-46

（3）按其他主域键（如 POSITION **M** 或 PARAMTER **Off Para** 等），切换到其他界面。

3. 程序复制

（1）进入程序管理主界面。

（2）使用光标选择一个要复制的程序。

（3）按软键"复制"，系统出现复制对话框，标题上显示要复制的程序。

输入程序名，若没有扩展名，自动添加".MPF"为扩展名，而子程序扩展名".SPF"需随文件名一起输入。文件名必须以两个字母的开头。

（4）按"确认"键，复制原程序到指定的新程序名，关闭对话框，并返回程序管理界面。

若按软键"中断"，将关闭此对话框，并回到程序管理主界面。

注：若输入的程序名与源程序名相同，或输入的程序名与一个已存在的程序名相同时，将不能创建程序。

可以复制正在执行或选择的程序。

4. 删除程序

（1）进入程序管理主界面。

（2）按光标键选择要删除的程序。

（3）按软键"删除"，系统出现删除对话框。

按光标键选择选项，第一项为刚才选择的程序名，表示删除这一个文件。第二项"删除全部文件"，表示要删除程序列表中所有文件。

按"确认"键，将根据选择删除类型删除文件，并返回程序管理界面。

若按软键"中断"，将关闭此对话框，并回到程序管理主界面。

注：若没有运行机床，可以删除当前选择的程序，但不能删除当前正在运行的程序。

5. 重命名程序

（1）进入程序管理主界面。

（2）按光标键选择要重命名的程序。

（3）按软键"重命名"，系统出现重命名对话框。

输入新的程序名，若没有扩展名，自动添加".MPF"为扩展名，而子程序扩展名".SPF"需随文件名一起输入。

（4）按"确认"键，源文件名更改为新的文件名，并返回程序管理界面。

若按软键"中断"，将关闭此对话框，并回到程序管理主界面。

注：若文件名不合法（应以两个字母开头）、新名与旧名相同，或文件名与一个已存在的文件相同，则弹出警告对话框。

若在机床停止时重命名当前选择的程序，则当前程序变为空程序，显示同删除当前选择程序相同的警告。

可以重命名当前运行的程序，改名后，当前显示的运行程序名也随之改变。

6. 程序编辑

（1）编辑程序。

① 在程序管理主界面，选中一个程序，按软键"打开"或按"INPUT" ，进入如附图 2-47 所示的编辑主界面，编辑程序为选中的程序。在其他主界面下，按下系统面板的键，也可进入编辑主界面，其中程序为以前载入的程序。

② 输入程序，程序立即被存储。

③ 按软键"执行"，选择当前编辑程序为运行程序。

④ 按软键"标记程序段"，开始标记程序段，按"复制"、"删除"或输入新的字符时，将取消标记。

⑤ 按软键"复制程序段"，将当前选中的一段程序拷贝到剪切板。

⑥ 按软键"粘贴程序段"，将当前剪切板上的文本粘贴到当前的光标位置。

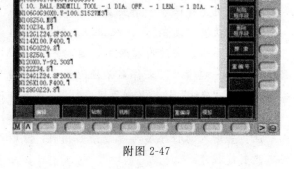

附图 2-47

⑦ 按软键"删除程序段"可以删除当前选择的程序段。

⑧ 按软键"重编号"，将重新编排行号。

注：软键"钻削"、"车削"及铣床中的"铣削"暂不支持。

若编辑的程序是当前正在执行的程序，则不能输入任何字符。

（2）搜索程序。

① 切换到程序编辑界面，参考编辑程序。

② 按软键"搜索"，系统弹出如附图 2-48 所示的"搜索"文本对话框。若需按行号搜索，按软键"行号"，变为如附图 2-49 所示的对话框。

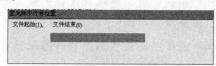

附图 2-48　　　　　　　　　　　　　附图 2-49

③ 按"确认"后，若找到要搜索的字符串或行号，则将光标停到此字符串的前面或对应行的行首。

搜索文本时，若搜索不到，主界面无变化，在底部显示"未搜索到字符串"。

搜索行号时，若搜索不到，光标停到程序尾。

（3）程序段搜索。

使用程序段搜索功能查找所需要的零件程序中的指定行，且从此行开始执行程序。

① 按下控制面板上的自动方式键 ➡️ 切换到如附图 2-50 所示的自动加工主界面。

② 按软键"程序段搜索"切换到如附图 2-51 所示的程序段搜索窗口，若不满足前置条件，此软键按下无效。

③ 按软键"搜索断点"，光标移到上次执行程序中止时的行上。

按软键"搜索"，可从当前光标位置开始搜索或从程序头开始，输入数据后确认，则跳到搜索到的位置。

④ 按"启动搜索"软键，界面回到自动加工主界面下，并把搜索到的行设置为运行行。

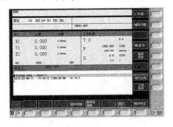

附图 2-50　　　　　　　　　　　　　　　附图 2-51

使用"计算轮廓"可使机床返回到中断点，并返回到自动加工主界面。

注：若已使用过一次"启动搜索"，则按"启动搜索"时，会弹出对话框，警告不能启动搜索，需按 RESET 键后，才可再次使用"启动搜索"。

7. 插入固定循环

点击 Prog Man 进入程序管理面板，如附图 2-52 所示。

注：界面右侧为可设定的参数栏，点击键盘上的方位，点击 打开 软键，进入如附图 2-53 所示界面。

附图 2-52　　　　　　　　　　　　　　　附图 2-53

在程序界面中可看到 钻削 与 铣削 软键，点击 钻削 进入如附图 2-54 所示的钻削程序

在此界面中，我们可以看到 铰孔 、 镗孔 、 钻削带停顿 等不同程序类型对应的软键，若想调用某类型的程序，则点击相应的软键，即可进入相应的固定循环程序参数设置界面界面，输入参数后，点击 确认 软键确认，即可调用该程序。例如，若调用钻中心孔程序，则点击 铰孔 软键进入如附图 2-55 所示界面，在此界面的左上角，可看到为实现钻中心孔操作，系统自动调用的程序的名称"CYCLE85"。

 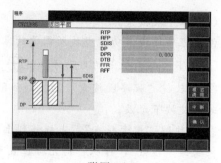

附图 2-54　　　　　　　　　　　　附图 2-55

界面右侧为可设定的参数栏，点击键盘上的方位键 ↑ 和 ↓，使光标在各参数栏中移动，输入参数后，点击 确认 软键确认，即可调用该程序。

（八）检查运行轨迹

通过线框图模拟出刀具的运行轨迹：

前置条件：当前为自动运行方式且已经选择了待加工的程序。

（1）按 → 键，在自动模式主界面下，按软键"模拟"或在程序编辑主界面下按"模拟"软键，系统进入如附图 2-56 所示界面。

（2）按数控启动键 ◇ 开始模拟执行程序。执行后，则可看到加工的轨迹结果如附图 2-57 所示。

附图 2-56　　　　　　　　　　　　附图 2-57

五、三菱系统铣、加工中心机床面板操作

三菱系统铣床及加工中心操作面板见附图 2-58。三菱系统面板见附图 2-59。

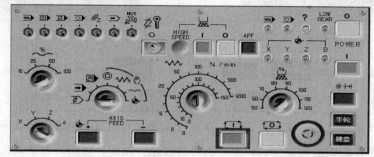

附图 2-58　三菱系统铣床及加工中心操作面板

面板简介：

三菱系统铣床、加工中心操作面板介绍见附表 2-6。

附图 2-59　三菱系统面板

附表 2-6

按钮	名称		功能简介
○	紧急停止		按下急停按钮,使机床移动立即停止,并且所有的输出(如主轴的转动等)都会关闭
I	电源开		打开电源
O POWER	电源关		关闭电源
进给倍率	进给倍率选择旋钮		在手动方式下,用于调节进给速度
模式选择	手动方式		手动方式,连续进给
	回参考点方式		机床回零;机床必须首先执行回零操作,然后才可以运行
	自动方式		进入自动加工模式。
	手动快速		手动方式,快速连续进给。
	手动数据输入(MDI)		单程序段执行模式
	手动脉冲方式		用手轮精确调节机床
	编辑模式		编辑数控程序

按钮	名称	功能简介
	主轴旋转	按下此按钮,主轴开始旋转
	快速进给倍率	在手动快速方式下,修调进给倍率
	主轴停止	按下此按钮,主轴停止转动
	单段	当打开此按钮,运行程序时每次执行一条数控指令
	进给轴选择	在手动方式下,选择当前进给轴
	移动按钮	
	循环保持	程序运行暂停,在程序运行过程中,按下此按钮运行暂停
	循环启动	程序运行开始或继续运行被暂停的程序
	主轴倍率修调	调节主轴倍率。置光标于旋钮上,点击鼠标左键,旋钮逆时针转动,点击鼠标右键,旋钮顺时针转动
	跳段	打开时,数控程序从选择的程序段开始执行
	选择停止键	当打开时,程式中的M01生效,自动运转暂停
	空运行键	按照机床默认的参数执行程序
	机床锁住键	X、Y、Z三方向轴全部被锁定,当此键被按下时,机床不能移动
	Z轴锁定	按下时,Z轴不能移动
	手轮	置光标于旋钮上,点击鼠标左键,旋钮逆时针转动,点击鼠标右键,旋钮顺时针转动

续表

按钮	名称	功能简介
	手轮进给倍率选择	手轮方式下的移动量：X1、X10、X100 分别代表移动量为 0.001mm、0.01mm、0.1mm
手轮	手轮	点击打开隐藏的手轮,再次点击隐藏
键盘	打开系统面板	点击打开系统面板和键盘,再次点击则隐藏键盘
	超程释放键	

三菱系统铣床、加工中心系统面板介绍见附表2-7。

附表 2-7

按键	名称	功能
MONITOR	查看机能区域键	点击此键,切换到查看机能区域
TOOL PARAM	参数设置区域键	点击此键,切换到参数设置界面
EDIT MDI	程序管理区域键	点此键,切换到程序管理界面
DIAGN IN/OUT	资料输入/输出键	按此键,切换到程序的输入、输出界面
SFG	轨迹模拟键	在自动方式下按此键,切换到查看轨迹模拟状态
EOB	分号键	
DELETE INS	删除/插入键	直接点击是删除功能,按 SHIFT 后再点击是插入功能
C.B CAN	全部删除键	
SHIFT	移位键	
INPUT CALC	输入键	
	光标移动键	
RESET	复位键	按下此键,取消当前程序的运行;监视功能信息被清除(除了报警信号、电源开关、启动和报警确认);通道转向复位状态

三菱系统铣床、加工中心指令见附表2-8。

附表 2-8

代码	分组	意义	格式
G00		快速进给、定位	G00 X __ Y __ Z __
G01	01	直线插补	G01 X __ Y __ Z __ F __
G02		圆弧插补 CW(顺时针)	G02(G03) X __ Y __ I __ J __ F __
G03		圆弧插补 CCW(逆时针)	G02(G03) X __ Y __ R __ F __

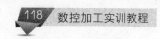

续表

代码	分组	意义	格　式
G04	00	暂停	G04 X __ ;或 G04 P __ ;单位:s
G15		取消极坐标指令	G15 取消极坐标方式
G16	17	极坐标指令	G1×:极坐标指令的平面选择(G17,G18,G19) G16:开始极坐标指令 G9× G01 X __ Y __ 极坐标指令 G90 指定工件坐标系的零点为极坐标的原点 G91 指定当前位置为极坐标的原点
G17	02	XY 平面	G17 选择 XY 平面
G18		ZX 平面	G18 选择 XZ 平面
G19		YZ 平面	G19 选择 YZ 平面
G20	06	英制指令	
G21		公制指令	
G28	00	回归参考点	G28 X __ Y __ Z __
G29		由参考点回归	G29 X __ Y __ Z __
G40	07	刀具半径补偿取消	G40
G41		左半径补偿	{G41 / G42} Dnn
G42		右半径补偿	
G43	08	刀具长度补偿＋	{G43 / G44} Hnn
G44		刀具长度补偿−	
G49		刀具长度补偿取消	G49
G50	11	比例缩放取消	G50:缩放取消
G51		比例缩放	G51 X __ Y __ Z __ P __ ;缩放开始 X __ Y __ Z __ :比例缩放中心坐标 P __ :比例缩放倍率
G52	00	局部坐标系设定	G54(G54~G59)G52 X __ Y __ Z __ ;设定局部坐标系 G52 X0 Y0 Z0;取消局部坐标系
G54	14	选择工作坐标系 1	G××
G55		选择工作坐标系 2	
G56		选择工作坐标系 3	
G57		选择工作坐标系 4	
G58		选择工作坐标系 5	
G59		选择工作坐标系 6	
G68	16	坐标回转	Gn G68 α __ β __ R __ :坐标系开始旋转 Gn—平面选择码 α,β—回转中心的坐标值 R—回转角度最小输入增量单位:0.001deg 有效数据范围:−360.000~360.000
G69		坐标回转取消	G69:坐标轴旋转取消指令
G8△(G7△)		标准固定循环	G8△(G7△)X __ Y __ Z __ R __ Q __ P __ F __ L __ S __ ,S __ ,I __ ,J __ ; G8△(G7△)X __ Y __ Z __ R __ Q __ P __ F __ L __ S __ ,R __ ,I __ ,J __ ; G8△(G7△)——孔加工模式 X,Y,Z——孔位置资料 R,Q,P,F——孔加工资料 L——重复次数 S,R——同期切换或是复位时的主轴旋转速度 I——位置定位轴定位宽度 J——钻孔轴定位宽度

续表

代码	分组	意义	格 式
G73	09	步进循环	G73 X＿ Y＿ Z＿ Q＿ R＿ F＿ P＿,I＿,J＿; P——暂停指定
G74		反向攻牙	G74 X＿ Y＿ Z＿ R＿ P＿ R(or S1,S2)＿,I＿,J＿; P——暂停指定
G76		精镗孔	G76 X＿ Y＿ Z＿ R＿ I＿ J＿ F＿;
G80		固定循环取消	G80;固定循环取消
G81		钻孔、铅孔	G81 X＿ Y＿ Z＿ R＿ F＿,I＿,J＿;
G82		钻孔、计数式镗孔	G82 X＿ Y＿ Z＿ R＿ F＿ P＿,I＿,J＿; P——暂停指定
G83		深孔钻循环	G83 X＿ Y＿ Z＿ R＿ Q＿ F＿,I＿,J＿; Q——每次切削量的指定,通常以增量值来指定
G84		攻牙循环	G84 X＿ Y＿ Z＿ R＿ F＿ P＿ R(or S1,S2)＿,I＿,J＿; P——暂停指定
G85		镗孔	G85 X＿ Y＿ Z＿ R＿ F＿,I＿,J＿;
G86		镗孔	G86 X＿ Y＿ Z＿ R＿ F＿ P＿;
G87		反向镗孔	G87 X＿ Y＿ Z＿ R＿ I＿ J＿ F＿;
G88		镗孔	G88 X＿ Y＿ Z＿ R＿ F＿ P＿;
G89		镗孔	G89 X＿ Y＿ Z＿ R＿ F＿ P＿;
G90	03	绝对值指定	G××
G91		增量值指定	
G92	00	主轴限制速度设定	G92 Ss Qq; Ss——最高限制转速 Qq——最低限制转速
G98	10	起始点基准复位	G××
G99		R 点基准复位	

参 考 文 献

［1］ 赵显日.零件数控车削编程与加工.北京：化学工业出版社，2012.

［2］ 高琪妹.零件数控铣削编程与加工.北京：化学工业出版社，2012.

［3］ 钟富平.模具数控加工实训.北京：清华大学出版社，2006.

［4］ 余英良.数控机床加工技术.北京：高等教育出版社，2007.